高等学校机械类学科"十二五"规划教材

现代金相显微分析及仪器

萧泽新　陈奕高　编著
刘心宇　主审

U0379751

西安电子科技大学出版社

内 容 简 介

光电检测技术是先进成像、光电传感和计算机图像处理技术的系统集成，它在金相显微分析中扮演着越来越重要的角色。本书围绕着"借助现代化光电检测技术及仪器实施金相定量分析"这一主题展开阐述，以简明扼要的理论为基础，提纲挈领地阐述金相分析原理，强调理论联系实际和可操作性，力求在深化理论知识的同时，加强对学生的工程实践能力的培养。本书介绍的光学仪器不仅基本上涵盖了传统工业用的显微镜，也包括了作者依据光电检测技术自主研发的自动金相显微镜等多种新型光学计量仪器。实践证明，这些新型仪器的应用不仅为金相显微分析创造了新条件，也给本书增色不少！

本书可作为高等院校材料、仪器、机械制造等专业的教科书或实验教材，也可作为工程训练中心的实训教材，还可供从事金属热处理、理化检验工作的工程技术人员参考。

图书在版编目(CIP)数据

现代金相显微分析及仪器/萧泽新，陈奕高编著. —西安：西安电子科技大学出版社，2015.5
高等学校机械类学科"十二五"规划教材
ISBN 978 - 7 - 5606 - 3678 - 8

Ⅰ. ① 现… Ⅱ. ① 萧… ② 陈… Ⅲ. ① 金相组织—金属分析 Ⅳ. ① TG115.21

中国版本图书馆 CIP 数据核字 (2015) 第 080094 号

策　　划　秦志峰
责任编辑　许青青　秦志峰
出版发行　西安电子科技大学出版社(西安市太白南路 2 号)
电　　话　(029)88242885　88201467　　邮　　编　710071
网　　址　www.xduph.com　　　　　　电子邮箱　xdupfxb001@163.com
经　　销　新华书店
印刷单位　陕西华沐印刷科技有限责任公司
版　　次　2015 年 5 月第 1 版　2015 年 5 月第 1 次印刷
开　　本　787 毫米×1092 毫米　1/16　印张 13
字　　数　303 千字
印　　数　1～2000 册
定　　价　25.00 元

ISBN 978 - 7 - 5606 - 3678 - 8/TG

XDUP　3970001—1

＊＊＊ 如有印装问题可调换 ＊＊＊

本社图书封面为激光防伪覆膜，谨防盗版。

前　言

　　教育部启动的"质量工程"像和煦的春风吹动着神州高等教育千帆竞发的春潮。桂林电子科技大学机电综合工程训练中心有幸成为国家级实验教学示范中心，成为涌动春潮中的一朵浪花。时任中心主任的我，在中心建设的历程中深感责任重大，常常思考着如何办出自己的特色，希冀能为中国高等教育事业添砖加瓦！于是，本人通过产学研结合，主持研发了用于工程训练中心的与热加工工艺链接的金相显微分析、硬度检测、焊接件显微分析的新型光学计量仪器，主要有：自动正置金相显微镜、自动显微系统多媒体互动实验平台、硬度压痕光电测量装置和连续变倍单筒视频显微镜等。这些新型仪器具有如下鲜明特色：记录手段视频化、数字化，操作手段自动化，图像分析手段智能化，能实现动态实时检测等。这些仪器在清华大学、天津大学、大连理工大学、华南理工大学、桂林电子科技大学、广西师范大学、桂林电子科技大学信息科技学院（独立二级学院）等众多高校的工程训练中心或教学单位得到了推广应用。自己的科研成果能为高校教育质量的提高尽一份微薄之力，本人感到很欣慰。

　　为了配合这些新型教学装备的应用，承蒙中国教育名师、教育部机械基础课程指导分委员会副主任、清华大学傅水根教授的热情鼓励和支持，本人编写了校内配套讲义《显微图像光电检测技术及应用》。本书就是在该校内讲义的基础上拓展而成的。

　　全书分为三部分，共13章。第1、6、12章为现代金相显微分析装备，不仅基本上涵盖了传统工业用显微镜，也包括了一系列新机型；第2章为金相试样的制备和组织显示；第3章为常用金属材料的金相组织；第4章为金相定量分析；第5、7、8、9、10章为基于显微图像光电检测技术的金相组织、硬度、表层成分与组织梯度检测，以及焊接质量和断口分析。第三部分金相显微分析实训，包含第11、12和13章。第11章为实验汇编，列举了8个实验，既有传统的验证性实验，也有设计性实验和综合性实验，部分实验可借助具有自主知识产权的"显微图像几何量光电检测软件"（可从出版社网站下载）辅助实施。尽管显微摄影装置加上暗房技术所获得的传统金相照片基本上已完成了其历史使命，但考虑到有些读者可能有实际需求，于是作为实训的一个"实用环节"，在第13章对其进行了简单介绍。

　　本书由萧泽新、陈奕高共同编著。其中，第1、4、6、7、11、12、13章和第

5 章的部分内容由萧泽新编写，第 2、3、8、9、10 章和第 5 章的部分内容由陈奕高编写。萧泽新负责全书的统稿工作。

感谢桂林电子科技大学材料科学与工程学院原院长、博士生导师刘心宇教授审阅全书；感谢桂林电子科技大学学术委员会原主任郑继禹教授的热情鼓励与支持。研究生李明东、黄寅、叶鹏和陈朋波等为书稿录入、插图制作做了大量的工作，广州粤显光学仪器有限责任公司、广西梧州市澳特光电仪器有限公司和广东珠海市金湾区环保局韦洋副局长等为本书提供了相关参考资料，在此一并致谢！

尽管书中所涉及的新型仪器是本人主持研发的，但在应用上缺乏足够的经验，加之本人水平有限，书中可能还存在一些不足之处，恳请读者批评指正。

萧泽新
于桂林电子科技大学
光机电一体化研究所
2015 年 2 月

目　　录

第一部分　现代金相显微分析

第二部分 宏观组织的低倍显微分析

第一部分
现代金相显微分析

第1章 现代金相显微分析装备(Ⅰ)

　　显微分析是材料科学与工程领域重要的研究方法和技术手段,利用它研究材料时能观测到用宏观分析无法观测到的组织细节及缺陷。"工欲善其事,必先利其器",本章以及第6章现代金相显微分析装备(Ⅱ)和第12章现代金相显微分析装备(Ⅲ)就是专门从装备(仪器)的角度来展开阐述的,只是这3章的侧重点不一样,第1章主要讲述显微分析最常用的分析工具——金相显微镜以及相关的显微图像的仪器装备。

1.1 金相显微镜的原理和结构

1.1.1 显微镜成像光学系统

　　显微镜指能提高人们获得微小信息能力的光学仪器。显微镜系统通常由物镜和目镜两部分组成。显微物镜的作用是把被观察的物体放大为一个位于目镜的焦平面上的实像,然后通过目镜成像。

　　图1-1是显微镜成像的光路原理图。图中的物镜和目镜均用薄透镜表示。物体 AB 处于物镜的两倍焦距之内、一倍焦距之外,它首先经过物镜成一放大的倒立实像 $A'B'$ 于目镜的物方焦平面上或很靠近焦平面的地方,然后目镜将这一实像再次放大成倒立虚像 $A''B''$ 于无限远或人眼的明视距离以外,以供人眼观察。显微镜对物体进行两次放大,因此与放大镜相比,它具有更大的放大倍率,能观察到肉眼所不能直接观察到的微小物体,分辨更微小的细节。

　　在一台显微镜上通常都配有若干个不同倍率的物镜和目镜以供互换使用。为保证物镜的互换性,要求不同倍率的显微镜的共轭距离(即物平面到像平面的距离,简称共轭距)相等。GB/T 2609-2006《显微镜 物镜》规定显微物镜的共轭距(即物-像距离)为185 mm、

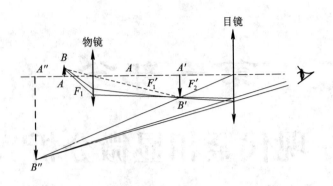

图 1-1　显微镜成像的光路原理图

195 mm、210 mm 和无限远。这就界定了常规的两种显微成像光学系统的规格，即共轭距为有限筒长（见图 1-2）和无限筒长（见图 1-3）的成像光学系统。所谓"无限筒长"（"无限像距"）的显微物镜，是指被观察物体通过物镜成像以后成像在无限远处。在物镜的后面，另有一镜筒透镜（辅助物镜），再把像成在目镜的焦平面上。

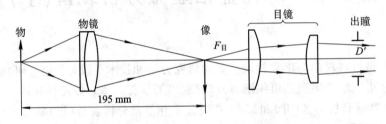

图 1-2　共轭距为 195 mm 的显微镜光路图

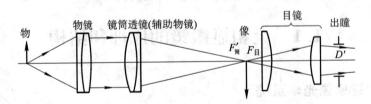

图 1-3　无限远像距的显微镜光路图

　　由上述可见，两种常规的显微光学系统的区别是：有限筒长系统的基本组成是"物镜＋目镜"；而无限远像距光学系统的基本组成是"物镜＋辅助物镜＋目镜"。

1.1.2　金相显微镜的光学原理

　　光学显微镜经过四百多年的发展已形成庞大的"家族"，主要有生物显微镜、体视显微镜、工具显微镜、金相显微镜和偏光显微镜五大类。金相显微镜指用入射（落射）照明来观察金属试样表面（金相组织）的显微镜。1831 年俄国学者安诺索夫用生物显微镜斜照明观察钢的组织，从而诞生了金相显微研究方法。1872 年冯·朗格发明了真正意义的金相显微镜。一百多年过去了，目前金相显微镜已经成为显微镜"家族"中重要的一员。

　　金相显微镜种类繁多，下面以普遍使用的结构简单的国产 XJ-16 型初级金相显微为例，阐述金相显微镜的光学原理。

图 1-4 为 XJ-16 型金相显微镜的外形
图。XJ-16 型金相显微镜为倒置式，即物镜由
下向上观察样品，载物台位于显微物镜的上方，
试样在水平放置平面上作二维运动，以改变所
观察试样的部位；手动调焦使用粗调同轴机构，
外轮用于粗调，中心手轮用于微调。

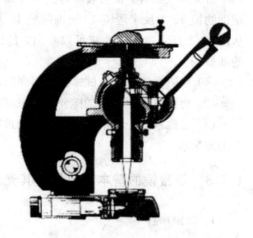

该显微镜的物镜为消色差物镜，放大率有
$10\times$、$45\times$、$100\times$（油浸）三种。3 个物镜能同
时放在可以转动的物镜转换器上，目镜都是惠
更斯目镜。

显微镜光源为 6～8 V 的钨丝灯，采用柯勒
照明（明场照明）系统，孔径光阑和视场光阑连

图 1-4　XJ-16 型金相显微镜的外形图

续可调。这种显微镜还带有显微摄影装置，可拍 120 底片的金相照片。

图 1-5 为 JX-16 型金相显微镜光学系统的示意图。由图 1-5 可见，灯泡 1 发出的光
线经过聚光镜组 2 及反射镜 13 被汇聚在孔径光阑 12 上，随后经过聚光镜组 3，穿过半反
半透镜 4 后经辅助物镜 5 再度将光线汇聚在物镜 6 的物方焦平面上，最后光线通过物镜，

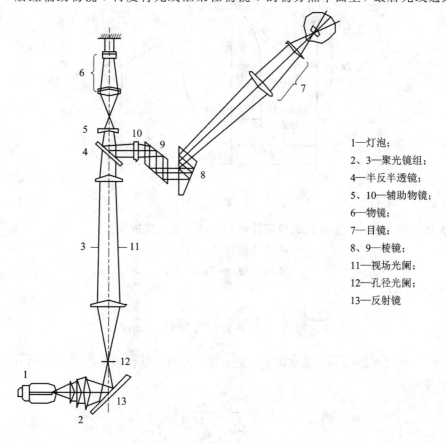

1—灯泡；
2、3—聚光镜组；
4—半反半透镜；
5、10—辅助物镜；
6—物镜；
7—目镜；
8、9—棱镜；
11—视场光阑；
12—孔径光阑；
13—反射镜

图 1-5　XJ-6 型金相显微镜光学系统的示意图

用平行光照亮试样，使其表面得到充分而均匀的照明。从试样反射回来的光线经过物镜6、辅助物镜5、半反半透镜4、辅助物镜10及棱镜8成一放大实像，该像被目镜7再度放大。从图1-5所示的光学系统可以看出，传统的金相显微镜的光学系统大致可分为三个主要的部分：

(1) 照明系统——给试样被观察面以均匀充足的照明，建立显微镜最佳的工作环境。

(2) 物镜系统——给试样金相组织结构成一清晰的、衬度高的放大实像。

(3) 目镜系统——用以观察试样经过物镜放大的实像，目镜实质上是观察物镜所成实像的放大镜。

1.1.3　显微镜的基本零部件及其光学性能

1. 物镜

物镜指显微镜中最先对实际物体成像的光学系统。

1) 显微镜的光学特性

显微镜能将近距离的物体放大成一放大实像，它的孔径光阑在物镜组附近或后焦平面上。短焦距、大孔径、小视场是显微镜的特点。图1-6所示为显微物镜成像。

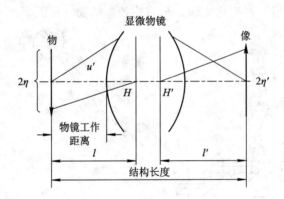

图1-6　显微物镜成像

(1) 物镜放大率。根据物镜成像规律可知，以下关系式成立：

$$物镜共轭距 L = l' - l$$

$$结构长度 = G + HH'$$

物镜放大率：

$$\beta_物 = \frac{像高}{物高} \approx \frac{l'}{l}（共轭距离为 195 \text{ mm} 时）$$

$$\beta_{\infty物} = \frac{250 \text{ mm}}{物镜焦距（mm）}（共轭距为无限远时，此时辅助物镜焦距 f' = 250 \text{ mm}）$$

物镜焦距：

$$f' = \frac{-G}{\beta_物 + \dfrac{1}{\beta_物} - 2} \tag{1-1}$$

物镜共轭距又称物-像距离，是光学安装的基本尺寸。它是物面和第一次像面之间在空气中的沿轴距离。国家标准规定物-像距离为 185 mm、195 mm、210 mm 和无限远。其中, 195 mm 和无限远为最常用的两种, 前者通常结构长度是一定的, 主面 HH' 很小, 所以可以认为 $L \approx G = 195$ mm。由式(1-1)可见, 高倍物镜焦距短。为便于选用, 显微物镜以放大率为标志, 也相当于给出了焦距。

(2) 物方视场:

$$2\eta = \frac{2\eta'}{\beta_{物}} \quad \text{(mm)} \tag{1-2}$$

像方视场 $2\eta'$ 由于受镜筒直径限制, 是一定值。GB 9242-88《金相显微目镜和镜筒的配合尺寸》规定: 显微镜目镜外壳直径 d_1 分别为 ϕ23.2h8(生物显微镜、金相显微镜、偏光显微镜等)、ϕ30h8(偏光显微镜、体视显微镜和广角目镜)、ϕ34h8(体视显微镜), 上述直径单位均为 mm。由此可知, 视场实际尺寸为上述规定尺寸减去目镜筒厚度。例如, 对 ϕ23.2h8生物显微镜, 视场 $\leqslant$ 20 mm。

(3) 数值孔径(NA)。数值孔径指物方孔径角的一半的正弦与物点所在介质的折射率的乘积。它的大小直接影响分辨率和像的光亮度, 它是物镜的主要指标。数值孔径基本上决定了显微物镜的结构和校正像差的复杂程度。

当共轭距 L 一定时, β 和 f' 有如下关系:

$$f' = \frac{-\beta}{(1-\beta)^2} \cdot L$$

对无限筒长物镜来说, GB/T 2609-2006《显微镜 物镜》指出: 共轭距为无限远的物镜, 其镜筒透镜焦距可为 160 mm、180 mm、200 mm、250 mm。

$$f'_\infty = \frac{镜筒透镜焦距}{\beta}$$

$$f' = \frac{-250}{\beta}$$

从以上两式可以看出: β 的绝对值越大, f' 越短。因此倍率的内涵与焦距是一致的。

数值孔径(NA)的计算式如下:

$$\text{NA} = n \sin u \tag{1-3}$$

式中, n 为物方所在的介质折射率, u 为物方孔径角的一半。显微物镜的视场由目镜视场决定, 对无限筒长显微镜来说, 当镜筒透镜 $f' = 250$ mm 时, 物方视场角(等于物镜像方视场角)的一半的正切 $\tan \omega = y'/f'_{辅} = 0.04$, $\omega = 2.3°$, 所以物镜视场角 2ω 不大于 5°, 有限筒长显微镜也大致相当。

(4) 物方介质。前面已指出了普通显微物镜的物方介质($n=1$), 为了提高数值孔径, 可选用高折射率的物方介质, 例如杉木油($n=1.515$)、水($n=1.333$)、甘油($n=1.463$)、溴代萘($n=1.656$)等。

(5) 盖玻片厚度。盖玻片指在显微标本片中覆盖生物标本的玻璃片。观察生物或化学标本时, 宜用盖玻片将其展平, 以免脏污和干裂, 便于保存。盖玻片在物方成像的光路内, 应按 GB 6273-86《显微镜用盖玻片》的要求, 控制它的折射率($n_e = 1.525 \pm 0.0015$)和厚度。厚度一般为 $0.17^{0}_{-0.04}$ mm, 40×以上的高倍物镜要求厚度为 $0.17^{0}_{-0.02}$ mm。

(6) 机械筒长。对有限像距的物镜, 机械筒长是从物镜的安装定位面到显微镜镜筒上端面的距离, 镜筒上端面是安装目镜的定位面。GB/T 2609-2006《显微镜 物镜》指出: 共轭距规定为 185 mm、195 mm、210 mm 的物镜，其机械筒长规定为 160 mm。对无限像距的物镜，机械筒长可认为是无限远。

显微物镜是按一定的机械筒长设计的。当然，也有一些特殊的物镜允许改变筒长。在选用互换物镜时必须注意。对于物镜后面需加棱镜等光学零件的系统，棱镜的等效空气层厚度应计算在机械筒长之内。有些反射照明的显微镜后常加斜放的平行平面玻璃板，它应在平行光路内工作，以免引入像差，需要有无限远筒长的物镜，然后再由会聚的镜筒透镜成实像。

（7）工作距离。物镜的工作距离是指物镜前表面顶点到物平面的沿轴距离。物镜倍率高，焦距短，工作距离小，如 100× 物镜的工作距离为 0.19 mm。

标准显微镜筒表面都有标记，写明放大倍率、数值孔径、机械筒长及盖玻片厚度（均以 mm 作单位）。盖玻片厚度处若刻为"—"，表明盖玻片可用可不用；若刻为"0"，表明不用盖玻片。机械筒长与盖玻片厚度常刻在一起，因为它们与物镜的像差校正有关。此外，常用物镜的外壳表面有不同的颜色圈，一眼可认出其放大倍率。长工作距离物镜、相衬物镜、偏光物镜在物镜类别前分别加 C、X、P 作为标志；物镜用螺纹与显微镜本体连接，螺纹均为英制尺寸（如 WS4/5″×1/36″），国际通用。

国产显微镜的放大率和数值孔径的适配关系通常应符合 GB/T 2609—2006《显微镜物镜》的规定。

2）物镜的基本类型

显微物镜根据用途不同分为消色差物镜、半平场消色差物镜、平场消色差物镜、平场半复消色差物镜、平场复消色差物镜。不同类型的显微镜要求的配置是有所不同的。《中华人民共和国机械行业标准 金相显微镜》(JB/T 10077—1999)规定：用普通金相显微镜观察时，选用消色差物镜、半平场消色差物镜即可；实验室金相显微镜用平场消色差物镜；研究用金相显微镜用平场消色差物镜、平场半复消色差物镜、平场复消色差物镜。对于生物显微镜，也有类似的要求。

（1）消色差物镜。消色差物镜指对两条谱线校正轴向色差的物镜。现有的普及型显微物镜大多属于消色差型，能满足一般的显微观察需要。它用于校正近轴区域的球差、彗差和位置色差，边缘像质较差。消色差物镜按 NA 大小有四种形式，见图 1-7。

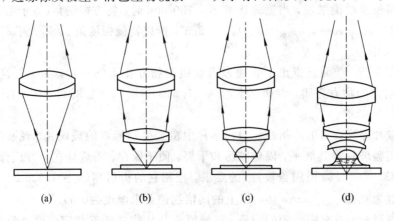

(a)   (b)   (c)   (d)

图 1-7　消色差物镜

① 双胶合物镜：用于低倍显微物镜，放大倍数为 1～5，NA 为 0.1～0.15。

② 两组双胶合-李斯特型（Lister）：用于中倍显微物镜，放大倍数为 8～20，NA 为 0.25～0.3。前后双胶合组分别用于消位置色差，倍率色差可自动校正。前后两组联解消除球差、彗差和像散，但场曲不能校正。

③ 阿米西型：在李斯特型物镜前加一不晕半球型透镜，用于中倍及高倍显微物镜，放大倍数为 25～40，NA 为 0.4～0.65。

④ 阿贝型油浸物镜：在阿米西型前片与中组之间加一块弯月正透镜，放大倍数可达 90～100，NA 为 1.25～1.4。

（2）平场消色差物镜与半平场消色差物镜。消色差物镜残留严重场曲，为了适应显微镜摄影和 CCD 摄录的需要，发展为平（像）场消色差物镜，简称平场物镜，它是指场曲和像散都得到很好校正的消色差物镜（见图 1-8）。

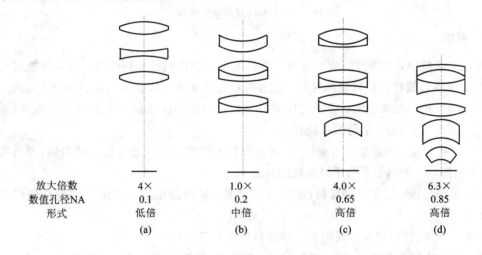

放大倍数	4×	1.0×	4.0×	6.3×
数值孔径NA	0.1	0.2	0.65	0.85
形式	低倍	中倍	高倍	高倍
	(a)	(b)	(c)	(d)

图 1-8　平场消色差物镜

半平场消色差物镜的场曲和像散校正程度介于消色差物镜和平场消色差物镜之间。

（3）平场复消色差物镜与平场半复消色差物镜。大孔径、高分辨率显微物镜不允许有大的二级光谱和色球差等缺陷，于是出现了复消色差物镜，它是对三条谱线校正轴向色差的物镜。设计制造高分辨率、大孔径显微物镜的困难在于校正二级光谱、色球差和倍率色差。校正二级光谱常选用萤石（CaF_2 晶体，为低折射率、低色散材料）作正透镜。然而受成像规律的制约，倍率色差不可能完全校正。为此在使用复消色差物镜时应配备"补偿目镜"，以补偿倍率色差，才能取得更好平场复消色差光学系统的成像效果。目前高级研究显微镜广泛采用平场复消色差物镜。它是一种场曲和像散都得到很好校正的复消色差物镜。如图 1-9 所示，平场复消色差物镜的像质非常好，如对染色体标本进行彩色摄影，高倍物镜放大倍数为 100，NA 为 1.35。因为平场复消色差物镜采用的萤石材料多，价格昂贵，于是出现了平场半复消色差物镜。这是一种二级光谱比消色差物镜小的物镜，它采用的特种材料少，像差介于平场消色差与平场复消色差物镜之间，有相当高的性价比，近年来在研究用显微镜中得到了广泛的应用。

此外，还有按特殊要求设计的折反射显微物镜。

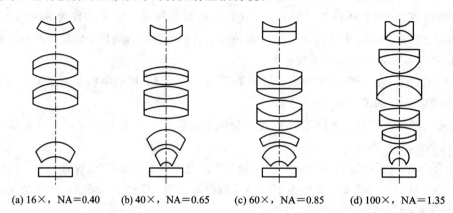

(a) 16×，NA=0.40　　(b) 40×，NA=0.65　　(c) 60×，NA=0.85　　(d) 100×，NA=1.35

图 1 - 9　平场复消色差物镜

2. 目镜

在光学系统中，将物镜所成的像放大后供人眼观察用的透镜叫目镜。目镜按能实现的功能分为观察目镜和投影目镜两大类。前者将物镜成的第一次放大实像再次放大，观察时在明视距离处成一放大虚像；后者把物镜第一次成的像再次成像并投影到有限距离（如照相底片、CCD 光敏面）。常用的目镜有：

（1）简单目镜：如惠更斯目镜（由凸面向着物镜的两个平凸透镜组成的目镜）和冉斯登目镜（由凸面相对的两个平凸透镜组成的目镜）。

（2）平场目镜：如开涅尔目镜（前组是凸透镜，后组是正负透镜组成的胶合透镜的目镜）和对称目镜等。

（3）广视场目镜（视场比同焦距的普通目镜大的目镜）。

此外，还有装分划板的分划目镜、与复消色差物镜配合使用的补偿目镜等。

3. 光阑与滤色片

要获得清晰的物像，除了制作良好的试样外，还必须掌握物镜的性能参数、显微镜的有效放大率，并能正确地使用光阑及滤色片，才能如愿以偿。下面介绍光阑和滤色片的功能与使用要点。

1）光阑的功能与使用

实际的光学系统只能在一定空间和一定光束孔径范围内获得满意的物像，因此，在光学系统中采用光阑来限制成像空间和光束孔径。光阑的作用是：改善系统的成像质量；决定通过系统的光通量；拦截系统中有害的杂散光等。光学零件的镜框或专门设置在系统中带孔的金属板都是光阑，它的对称中心一般都在系统的光轴上。光阑按其用途可分为孔径光阑、视场光阑及消杂光光阑等。这里着重介绍前两种光阑在金相显微镜中的应用。

（1）孔径光阑。

孔径光阑就是用来控制物镜的孔径角的光阑。当孔径光阑缩小时，进入物镜的光束的孔径角亦随之变小，这对提高显微镜的景深、消除宽光束单色像差、提高像的衬度（又称对比或反差，指物镜和像不同部位的明暗差异）有好处，但会使显微镜的分辨能力有所降低。

简单地说，孔径光阑越缩小，对像面的分辨能力越低，但试样的组织的层次结构会显得越清楚。因此，孔径光阑不宜张开太小。

随着孔径光阑张大，物镜成像光束的孔径角也跟着增大。从理论上说，当孔径光阑张大到使入射光线刚好充满物镜孔径时，物体的分辨能力达到了设计时的理论值（分辨率 $\delta = 0.5\lambda/\mathrm{NA}$）。但是孔径光阑张开过大，又使镜筒内部的反射光及杂散光增加，从而降低了成像质量。从原则上说，既要充分发挥物镜的分辨能力，又要照顾一定的景深、较好的衬度和成像质量。因此，孔径光阑的调节应比入射光线刚好充满物镜孔径略小一些。

不同物镜有不同的数值孔径，为了适应物镜的分辨能力，更换物镜后，孔径光阑也应作相应的调整，以保证成像清晰。

（2）视场光阑。

视场光阑就是用来限制光学系统成像空间的光阑。金相显微镜的视场光阑和试样的表面是共轭的。因此，调节视场光阑的大小，就能改变试样表面被照亮的范围。被照明范围以略大于物方视场直径 $D_显$（$D_显 = D_目/|\beta|$，$|\beta|$ 为物镜的放大率，$D_目$ 为目镜的视场直径）为宜。显然，若将视场光阑调得过大，则会增加杂散光，大大降低成像的衬度。一般观察时，常常将视场光阑从小逐渐张大，从目镜中将看到视场也逐渐增大。当发现视场光阑张大而视场不再增大时，即停止视场光阑的调节。由于各种倍率目镜的视场大小不一样，因此在更换目镜后，视场光阑亦应跟着调节，使其成像的视场刚好充满目镜光阑。但也会有这样的情况，为了便于集中观察某一试样局部细微组织，将视场光阑缩小到刚好包围着它，从而提高观察效果。这是因为视场光阑调小一些不会影响分辨率，反而会减少有害杂散光，提高像的衬度。在显微摄影时，只要将视场光阑调节到足够显示画面尺寸就够了。

为了使视场光阑像面中心与目镜视场光阑中心基本重合，视场光阑上装有两个调节光阑中心的螺钉，用于调整光阑中心。

需要强调的是，孔径光阑与视场光阑主要是为了提高成像质量而加入到光学系统中的，应根据物镜的分辨能力和衬度的要求妥善调节，不应只把它看作用来调节像的明亮程度的装置；调节像的明亮程度应以调整光源强度为主。

2）滤色片的功能与使用

在金相显微镜照明系统的孔径光阑附近，留有放置滤色片的位置。滤色片的功能有下列四个方面：

（1）配合消色差物镜使用时，能使未被校正的残余像差降至最小程度。

在讨论物镜分类时已经指出，消色差物镜在单色像差方面对黄光（也有对绿光的）校正了球差和彗差。也就是说，对黄光、绿光波段之外的色光，球差和彗差没有得到校正，在色像差方面已经对红光和蓝光进行了校正。也就是说，在黄光和蓝光之间黄、绿波段色差基本上得到了校正，而在黄、绿波段之外的色差则基本还没有得到校正。鉴于消色差物镜在黄、绿波段内像差就已校正至较佳，故在使用此物镜时宜用黄、绿滤色片，仅使黄、绿光通过，这样像差就会大为减小，从而提高了成像质量。

对半复消色差物镜和复消色差物镜来说，虽说几乎把可见光的焦点都集中在一起，即原则上可以使用任何颜色的滤色片，但若没有其他特别要求，则使用黄、绿滤色片，其调色会使人眼感觉更舒适一些。

（2）用滤色片得到短波长照明，可提高物镜的分辨能力。

物镜的分辨率 δ（物镜最小可分辨距离）为

$$\delta = -\frac{0.5\lambda}{NA} \tag{1-4}$$

可见，在数值孔径一定时，物镜的分辨能力与所使用的照明光线的波长 λ 成反比。所以在使用半复消色差物镜或复消色差物镜时，由于在可见光区几乎都有良好的消色差，所以各色滤色片均可使用，甚至不用滤色片而用白光作光源也可以。

为了提高物镜的分辨能力，用蓝色（$\lambda = 0.44~\mu m$）滤色片比用绿色（$\lambda = 0.55~\mu m$）滤色片能提高分辨能力约 25%，因而蓝色滤色片常常是为了提高分辨能力而采用的。对人眼最灵敏的是波长为 $0.55~\mu m$ 的绿光，用蓝色滤色片作显微摄影时，往往不容易在投影屏上对好焦。国产立式、卧式金相显微镜均附有一只 6 倍调焦用的放大镜，这有助于观察投影屏上的对焦情况。

（3）使用滤色片有助于增加多相合金在黑白金相照片（或 CCD）的衬度。

（4）有助于鉴别带有彩色的组织的细微部分。

如果检验的目的是辨别多相合金某一组成相的细微部分，则各组成相之间的衬度在这种情况下并不重要，此时选用的滤色片应与需要鉴别的相色彩相同。例如，淬火高碳钢在热染后奥氏体呈棕黄色，马氏体为绿色。为了研究马氏体内部的细节，可以加绿色滤色片后再摄影，这样马氏体内部的细节就更清楚了。

1.1.4 金相显微镜的照明系统

为了建立显微镜的最佳工作条件，充分发挥物镜的分辨能力，获得反衬鲜明的物像，金相显微镜的照明系统应满足下列基本要求：

（1）光源应有足够的强度。

（2）照明系统应保证金相试样上被观察的整个视场范围得到强的、均匀一致的照明。

（3）照明系统应有可调的孔径光阑。调节孔径光阑的大小可以控制试样上物点进入物镜成像光束孔径角的大小，以适应不同物镜数值孔径的要求，充分发挥物镜的分辨能力。

（4）照明系统应有可调的视场光阑。调节视场光阑的大小可以控制试样表面被照明区域的大小，以适应不同目镜、物镜组合时有不同的显微镜线视场的要求，并同时拦截系统中有害的杂散光。

上述基本要求是一切金相显微镜照明系统必须满足的，一旦某一条件得不到满足，必将影响显微观察效果。下面介绍金相显微镜几种常用的光源及照明方式。

1. 照明光源

金相显微镜的光源依金相显微镜的形式与使用要求而定。每一种金相显微镜都有特定的光源。某些显微镜还根据不同的研究目的配有多种光源。

用作显微镜光源的灯泡要求钨丝集中，发光面积细小而均匀，亮度高。近年来随着金相显微镜的不断发展，还引入了其他高亮度的照明光源。常用的光源有下列两种。

1）卤钨灯

普通充气的白炽灯，由于灯丝蒸发而耗损，蒸发出来的钨沉积在玻壳上，影响灯泡的亮度及使用寿命。但填充气体中加入某种卤素物质的卤钨灯，可使钨与卤素之间产生可逆的化学反应，防止钨沉积在玻壳上。卤钨灯的优点是发光效率高，光色质量好，体积小。在整个使用寿命期内，卤钨灯可保持光通量不衰弱，并且灯丝亮度高，玻壳小而坚固，内部结构牢固，从而可使照明光学系统小型化。卤钨灯的另一特点是它比一般钨丝灯的紫外线辐射强，因此要用玻璃外套或玻璃罩将紫外线辐射减少至无害程度。若需更高光强的照明，则可用氙灯。

2）氙灯

氙灯利用惰性气体氙为发光元素，它可分为长弧氙灯、短弧氙灯和脉冲氙灯三类。显微镜照明只用短弧氙灯。短弧氙灯的弧隙短，亮度集中，是一种亮度极高的点光源。

2. 光源的利用

在设计金相显微镜的光源时，总是希望既要光源装置的结构简单，又要使光能得到充分利用，以便满足金相显微观察、投影、摄影及各种照明方式的要求。

因光源发光体向四周发射出光线，能被利用的只是投射到聚光镜上的那部分，故光源离聚光镜越远，聚光镜的通光孔径越小，则光能的利用率越低（见图 1 - 10(a)），光源与聚光镜的距离越近，聚光镜的通光孔径越大，则光能的利用率越高（见图 1 - 10(b)）。因此，提高光能的利用率的有效途径是使光源靠近聚光镜，并且使聚光镜有尽量大的通光孔径，也就是使孔径角越大越好。所以，金相显微镜的照明聚光系统往往采用正弯月形的透镜组（见图 1 - 10(c)），以便提高光能的利用率。采用卤钨灯作光源的金相显微镜，应由多片透镜组成聚光镜组。

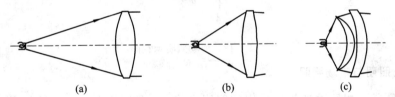

(a)   (b)   (c)

图 1 - 10 光能的利用率

必须注意，对于亮度大、温度高的照明，其光源装置需具有良好的散热结构，光源也不能过于靠近聚光系统，以免聚光系统受高温影响而破裂。

3. 临界照明与柯勒照明

临界照明的特点是将光源经整个照明系统成像于试样表面（见图 1 - 11）。从图 1 - 11中可看出，物镜也是照明系统的组成部分。若忽略光能的损失，则试样表面的亮度与光源相同。假如光源亮度不均匀或明显地表现出光源的细小结构（如灯丝等），那么光源成像在试样表面会使显微镜视场照明不均匀。这是临界照明的主要缺点。但事物总是一分为二的，其优点则是光能利用率高。金相显微镜采用明场照明时，为了得到照明均匀的视场，几乎都选用柯勒照明，而不用临界照明。

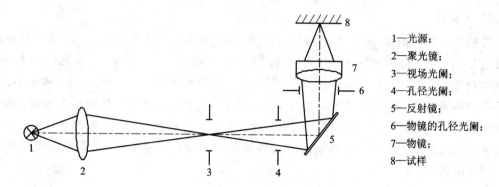

1—光源；
2—聚光镜；
3—视场光阑；
4—孔径光阑；
5—反射镜；
6—物镜的孔径光阑；
7—物镜；
8—试样

图 1-11 临界照明示意图

柯勒照明的特点是使光源成像在物镜的孔径光阑 7 上（见图 1-12），不落在试样 9 的表面。

物镜作为照明系统的一部分，以平行光照亮试样表面。这样，临界照明中对试样照明不均匀的缺点便消除了。

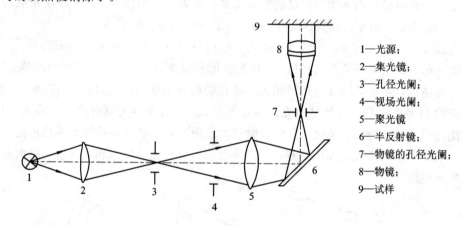

1—光源；
2—集光镜；
3—孔径光阑；
4—视场光阑；
5—聚光镜
6—半反射镜；
7—物镜的孔径光阑；
8—物镜；
9—试样

图 1-12 柯勒照明示意图

4. 明场照明与暗场照明

明场照明是金相显微镜普遍采用的照明方式。它的特点是：如果试样是一个抛光镜面，则从镜面反射的光线几乎都可进入物镜成像，所以在目镜中将看到镜面的像是明亮的一片；如果试样是抛光后再经过浸蚀的，则从被浸蚀的组织上未反射出来的光线很少能进入物镜成像，因此，这些被浸蚀的组织（形成浸蚀坑）呈黑色像而衬映在明亮的视场之中。明场照明的名称由此而得。明场照明是金相显微镜主要的、普遍使用的照明方式。图1-11和图1-12所示均属明场照明方式。至于暗场照明，详见1.2.1节。

1.1.5 金相显微镜系列

《中华人民共和国机械行业标准 金相显微镜》(JB/T 10077—1999)规定：金相显微镜系列适用于常温下在可见辐射范围内观察金属微组织。

金相显微镜系列的分级应符合表1-1的规定。

表 1−1　金相显微镜系列

项目		形　式		
		普通金相显微镜	实验室金相显微镜	研究用金相显微镜
功能		明场、（摄影）	明场、暗场、偏光、摄影（微分干涉）、（自动曝光）、（电视）	明场、暗场、偏光、摄影、投影、微分干涉、自动曝光、（显微硬度）、（电视）、（图像自动分析）
物镜		消色差 半平场消色差	平场消色差	平场消色差、平场半复消色差或平场复消色差
目镜类别		与物镜相适应		
观察形式	目视	单目或双目	双目	
	摄影 放大率	—	50、100、200、400、500、800、1000	25、50、100、200、400、500、800、1000、1600
	摄影 幅面	—	6 cm×8.25 cm	12 cm×16.5 cm
载物台		可作纵、横向移动	纵、横移动范围均不小于 10 mm	纵、横向移动范围均不小于 15 mm
微动机构		微调范围不小于 1.8 mm，分度值为 0.002 mm	微调范围不小于 2 mm，分度值为 0.002 mm	
附件	必备	—	10×分划板目镜，0.01 mm测微尺晶粒度板	10×分划板目镜，0.01 mm 测微尺，晶粒度板，135 摄影装置
	选购件	10×分划板目镜，0.01 mm 测微尺，摄影装置	微分干涉装置，自动曝光装置，135 摄影装置，低倍摄影装置	显微硬度装置，电视装置，图像自动分析装置，低倍摄影装置

注：括号内为选购件功能。

1.2　特种显微术的集成及其在金相显微分析中的应用

从表 1−1 中可看到，金相显微镜分为三大类：普通金相显微镜仅供一般用途使用，而实验室金相显微镜、研究用金相显微镜属于高级金相显微镜，具有大型、多用途的特点。高级金相显微镜的多用途基于把多个特种显微术通过"积木化"的附件集成在金相显微镜的本体上，应用这些相关的特种显微术大大地扩展了金相分析功能，暗场、偏光、摄影、相衬和微分干涉等是主要的几种，下面分门别类地作一简单的阐述。

1.2.1　暗场显微术及其在金相显微分析中的应用

1. 暗场显微术概述

由式(1−4)可见，显微镜的分辨能力取决于物镜的数值孔径。例如，对数值孔径 NA＝

1.35 的油浸物镜而言，用白光照明物体($\lambda=0.6\ \mu m$)时，显微镜的分辨能力为

$$\delta = \frac{0.5 \times 0.6}{1.35} = 0.22\ \mu m$$

研究表明，在白光照明的极限情况下，$NA_{max}=1.6$，物镜最多能分辨直径为 $0.2\ \mu m$ 的物体，小于此数值的物体光学显微镜不能分辨。通常称小于 $0.1\ \mu m$ 的粒子为超显微粒子。显然，一般光学显微镜是无法观察到它们的。

基于丁铎尔(Tyndall)原理的暗场显微术能够观察到超显微粒子。当强光投射到微粒上时，将发生散射，由于光线衍射，每个微粒形成一个衍射斑(由几个衍射环组成)，若照明光束不直接射入物镜，则视场呈黑暗。通过显微镜目镜观测时，在暗背景上将看到发光衍射斑直径大于 $0.3\ \mu m$ 的微粒，可看见其形状和大小。对超微粒，由衍射斑可判断其存在和位置，但无法判断其形状。例如，在医学临床中，借助暗场显微术可判定某些病毒(如钩端螺旋体病毒)的存在。原生质在亮场照明下，可以看出有很多颗粒。

2. 暗场照明的类型与特点

产生暗场照明的方法是侧向照明。

暗场照明的特点是照明光束以极大的倾斜角度投射到试样表面上，物镜不是照明系统的组成部分。如果试样是一个抛光镜面，则从镜面上反射的光线以极大的倾斜角反射而不能进入物镜成像，其时在目镜内只能看到一片漆黑；反之，如果试样是一个经抛光后再经过浸蚀的，则从被浸蚀的组织上漫反射的光线有一部分可进入物镜成像，因此，这些被浸蚀的组织就呈现明亮的像并映衬在黑暗的视场内。暗场照明的名称由此而得。

1) 透射光的暗场照明

对透明物体的观察，可在阿贝聚光器下方加一圆平挡板(见图 1-13(a))，使它挡住中心部分光线，从而实现了侧向照明。挡板形状见图 1-13(b)。在聚光器最后一面与载物玻片间应滴油，盖玻片与物镜之间为空气，经过聚光器的环形光束在盖玻片内被全反射而不能进入物镜，形成暗视场。这种方法仅用于小数值孔径的物镜。对大数值孔径的物镜，需要采用专门的暗视场聚光器。

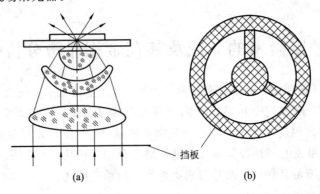

图 1-13　暗场照明

2) 落射光的暗场照明

在某些情况下，如金相观测，被观测的物体为不透明体，这时应采用落射光照明，其光路原理见图 1-14。图 1-14(a)为光源在侧上方的光路图，照明光束经中央挡板 B 后以

斜光束会聚照亮物体上的一点。由于其投射倾角很大，被测物为一抛光镜面，故反射光线不能进入物镜，只有物体的散射光经物镜后成像，形成黑背景下的明亮影像。因此，在暗场照明时，所观察到的明暗影像恰与明视场相反。图 1-14(b)中的光线自下方入射，经中央挡板后也形成环形光束，再经聚光器 K 照明物体。

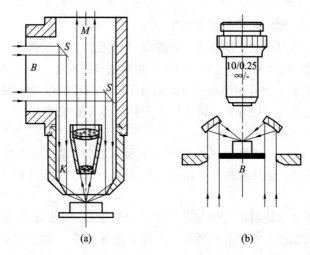

图 1-14　落射光暗场照明

使用暗场显微术所用的物镜一般与明视场物镜没有多大差别，但在数值孔径大于 1 的浸液物镜内常设有可变孔径光阑。在暗场使用时，可调节光阑使照明光束不直接进入物镜。在明场使用时，可把光阑全打开，以达到额定的数值孔径。

图 1-15 是金相显微镜中的暗场照明示意图。其中，主要装置有环形反射镜及暗场聚光镜(通常为旋转抛物面，也有用两次反射面的，例如一次在球面上反射，另一次在心脏线

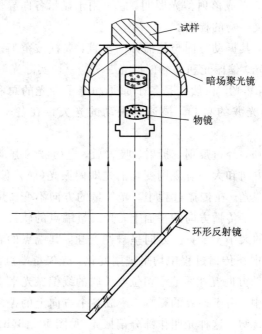

图 1-15　金相显微镜暗场照明示意图

旋转面上反射)或折射聚光镜。图1-15上的暗场聚光镜是旋转抛物线面,试样表面放在抛物面焦点上。水平方向的环状光束经45°环形反射镜后成为向上的环状光束。它们在抛物反射后便以大倾斜角度会聚到试样表面上。

3. 暗场照明的优点

与明场照明相比,暗场照明的优点如下:

(1)可以观察到超显微粒子的存在。光学显微镜不能分辨直径小于0.1 μm的粒子的内部细节。如前所述,直径小于0.1 μm的粒子称为超显微粒子。这类粒子的内部细节虽然用光学显微镜无法辨认,但若用暗场照明,则可消除加在这些超显微粒子散射光成像的亮背景,并能察觉到这些粒子的存在。研究结果表明,利用暗场照明可以判断直径小到千分之几微米的超显微粒子的存在。

(2)和明场照明不同,暗场照明光线并不先经过物镜(即物镜不兼作照明系统,见图1-15)。因此,暗场照明显著地减少了由于光线多次通过物镜界面所引起的反射和炫光,提高了像的反衬度。

(3)暗场照明能正确地鉴定透明非金属夹杂物的色彩。在鉴定非金属夹杂物时暗场照明极为有用,因暗场观察物像的亮度较低,故宜采用强光源。在显微摄影对光时必须十分细致,并应选用感光速度较高的照相底片,曝光时间亦需相应地增加。

1.2.2　落射偏振光照明在金相显微分析中的应用

1. 光的偏振

光的偏振特性在工程技术上有着广泛和重要的应用。金相显微镜照明光路中嵌入相关的能产生偏振光的器件,形成落射偏光照明。它可用于显示各向异性和各向同性的材料组织,也可用于非金属的夹杂物的检测。

光是电磁波的一种,其振动方向与传播方向垂直,属横波范畴。若以偏振性为标志分类,则光一般分为自然光、偏振光和部分偏振光三类。一切实际光源(日光、钨丝灯、日光灯等)发出的光均称为自然光。自然光是各个原子和分子发光的总和,可以认为是自然光在一切可能方位振动的光波的总和。描述其振动的光矢量在各个方向上的概率和大小相等。

自然光穿过某些物质,经过反射、折射、吸收后,电磁波的振动可以被限制在一个方向上,其形成光矢量的方向和大小有规则变化的光即偏振光(简称偏光)。偏振光有线偏振光、圆偏振光和椭圆偏振光。在传播过程中,光矢量的方向不变、其大小随相位变化的光是线偏振光,这时在垂直于传播方向的平面上,光矢量端点的轨迹是一直线。圆偏振光在传播过程中,其光矢量的大小不变,但方向呈规则变化,其端点的轨迹是一个圆。椭圆偏振光的光矢量大小和方向在传播过程中均呈规则变化,光矢量端点沿椭圆轨迹转动。任一偏振光都可以用两个振动方向互相垂直、相位有关联的线偏振光来表示。

自然光在传播过程中,由于外界的影响,造成各个方向上的振动强度不等,使某一方向的振动比其他方向占优势,这种光叫作部分偏振光(见图1-16(b))。图1-16(b)中,光矢量沿垂直方向的振动占优势,其强度用I_{max}表示;沿水平方向的振动处劣势,其强度记

为 I_{min}。部分偏振光可以看作是线偏振光和自然光的混合，其中线偏振光的强度 $I_p = I_{max} + I_{min}$，它在部分偏振光总强度（$I_{max} + I_{min}$）中所占的比例 P 叫作偏振度，即

$$P = \frac{I_p}{I_p + I_n} = \frac{I_{max} - I_{min}}{I_{max} + I_{min}} \tag{1-5}$$

式中，I_n 为自然光的强度，I_p 为偏振光的强度。显然，自然光 $P=0$，完全线偏振光 $P=1$，部分偏振光 $0<P<1$。偏振度越大，其光束偏振化程度越高。

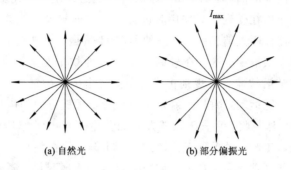

(a) 自然光　　　　　　　(b) 部分偏振光

图 1 - 16　自然光和部分偏振光

2. 产生偏振光的方法及器件

限于篇幅，下面只介绍从自然光获取线偏振光的三种主要方法。

（1）光在介质分界面上可产生偏振光。

几何光学告诉我们，光在两种介质中传播时，在其分界面上会产生反射和折射，在一定条件下将产生全反射。参考文献[10]指出，光在电介质分界面上发生反射和折射时，因为光与物质相互作用的结果，反射光波和折射光波的振动面相对于入射光波的振动面将发生偏转。当入射角满足 θ_1（入射角）$+\theta_2$（反射角）$=\pi/2$ 时，会发生全偏振现象。当反射光是偏振光时，称入射角为起振角或布儒斯特角（θ_B）。由折射定律得 $\tan\theta_B = 0$，此折射光为部分偏振光。图 1 - 17(a) 所示的玻片堆和图 1 - 17(b) 所示的偏振分光镜就是根据全反射和折射原理产生偏振光的实用器件。

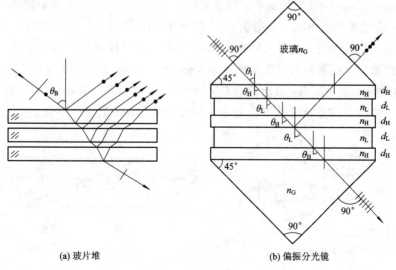

(a) 玻片堆　　　　　　　(b) 偏振分光镜

图 1 - 17　反射和折射原理

（2）由二向色性产生线偏振光。

自然光射入某些晶体时可以产生振动方向相互垂直的两束直线偏振光，同时将其中一束强烈吸收，另一束通过，晶体的这种性能叫晶体的二向色性。用具有二向色性的晶体制造的偏振片可以产生偏振光。例如，电气石晶体能够强烈吸收寻常光线，1 mm 厚的电气石晶体即可把寻常光线吸收，而让非常光线通过，产生一束非常光线的偏振光。过碘硫酸奎宁也是一种二向色性极强的晶体，0.1 mm 厚的薄膜就足以使自然光变成直线偏振光。

一些各向同性的介质在受到外界作用时也会产生各向异性，并具有二向色性。利用这一特性获取偏振光的器件叫人造偏振片。一种称作 H 偏振片的人造偏振器是这样制作的：把聚乙烯醇薄膜浸泡在碘液中，然后在较高温度下拉伸烘干制成。拉伸的目的是使碘-聚乙烯醇分子形成的碘链沿拉伸方向规则排成一条条导电的长碘链。当光入射时，由于碘中的传导电子能够沿着长链运动，因此入射光波中平行于长链方向的电场分量驱动链中的电子，对电子作功而被强烈吸收，垂直于长链方向的分量不对电子作功而透过。这样得到的透射光称为线偏振光，其光矢量垂直于拉伸方向。H 偏振片在整个可见光波范围内偏振度可达 98%，缺点是它的透明度低，在最佳波段上自然光入射时最大透过率为 42%，且对各色可见光有选择地吸收。人造偏振片产生偏光效果好，且价格低廉，不但常常被选择为金相显微镜产生偏振光器件，而且获得了广泛应用。

（3）双折射晶体产生线偏振光。

在双折射晶体内，自然光光波被分解成光矢量互相正交的线偏振传播，通常两束光靠得很近，应设法将两束光分开，便得到可利用的线偏振光。最重要的偏振器件是利用晶体内双折射制成的，其中尼科耳棱镜是很经典的一种。

尼科耳棱镜是由方解石晶体做成的。图 1-18(a)为方解石的双折射现象，图(b)为尼科耳棱镜的主截面。取长度约为厚度的三倍的方解石晶体，两端的天然面原来与底边成 71°，经研磨后成 68°，然后将晶体剖开，成两块直角棱镜，再用加拿大树胶将剖面黏合成一长方柱形棱镜。将侧面 CN 涂黑，就制成了尼科耳棱镜。加拿大树胶为光性均质体，对于黄绿光的折射率 $n=1.540$，这个折射率恰好在方解石对这种颜色的 o 光的折射率 $N_o=1.6583$ 与平行于 CN 面的该种颜色的 e 光的折射率 $N_e=1.5159$ 之间。当一束平行于 CN 面的黄绿自然光由第一块棱镜的 AC 面入射在方解石内部发生双折射现象时，分成 o 光和 e 光。由于 o 光射到加拿大树胶的胶合面上的入射角约为 76°，超过了树胶与方解石对 o 光的临界角 68°，因此会发生全反射，被涂黑的 CN 面吸收。e 光折射后方向仍近似与 CN 面平行，方解石对这一方向上的非常光线的折射率比树胶的折射率小，所以不会发生全反射，而穿

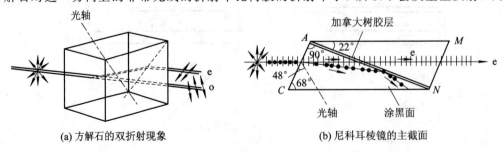

(a) 方解石的双折射现象　　　　(b) 尼科耳棱镜的主截面

图 1-18　方解石的双折射现象及尼科耳棱镜

过树胶层进入第二块棱镜,然后从 MN 面上射出而获得一束偏振光。其振动面在棱镜的主截面内,在图 1-18(b)中用短线表示。

尼科耳棱镜的优点是对各色可见光透明度都很高,并能够均匀完全起偏。但天然方解石价格昂贵,制造比较困难,所以最常用的还是人造偏振片。如上所述,人造偏振片是一种使自然光变为偏振光的人造透明薄片,由于面积大、成本低而被广泛应用。

3. 金相显微镜附件介绍

1) 起偏镜与检偏镜

在偏光显微镜中能产生偏振光的偏振片叫起偏振镜。另外,在起偏振镜后面还有一个检偏振镜(或叫分析器),如图 1-19 所示。当两个偏振镜振动轴平行时,起偏振镜 A 产生的偏振光可以完全通过 B 检偏镜;当 AB 振动轴成一定角度时,A 产生的偏振光只有部分能通过检偏镜 B,而当 A 与 B 的振动轴垂直时,A 产生的偏振光完全被 B 阻挡,产生消光现象。如果是圆偏振光,则用检偏振镜检查时也不发生消光现象,光的强度不发生变化;如果是椭圆偏振光,则用检偏振镜检查时也不发生消光现象,但光的强度要发生变化,当 B 的振动轴与椭圆长轴重合时,光的强度最大,与椭圆的短轴重合时,光的强度最小。

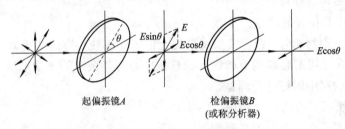

图 1-19　直线偏振光分析

2) 金相显微镜偏振光装置的结构及调整

在金相显微镜光路中,只要加入两片偏振片,即在入射光路中加入一个起偏振片,就可以实现偏振光照明。除了起偏振片和检偏振片,有时还加入一个灵敏色片,用来检验椭圆偏振光,并获得色偏振(如图 1-20 所示)。

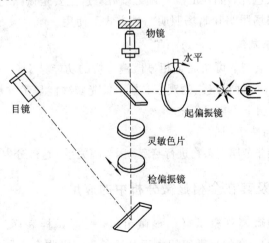

图 1-20　金相显微镜的偏振光装置示意图

（1）起偏振镜位置的调整。

起偏振镜一般安装在可以转动的圆框内，借助手柄转动调节，调节的目的是使起偏振镜出来的偏振光振动面水平，以保证垂直照明器平面玻璃反射进入物镜的偏振光强度最大，且仍为直线偏振光。

起偏振镜位置的调整方法是：将经过抛光而未经腐蚀的不锈钢试样（光性均质体）放在载物台上，除去检偏振镜，只装起偏振镜，从目镜内观察聚焦后试样磨面上反射光的强度，转动起偏振镜，反射光强度发生明暗变化，当反射光最强时，就是起偏振镜的正确位置。

（2）检偏振镜位置的调整。

起偏振镜位置调整好后，装入检偏振镜，调节检偏振镜的位置。当在目镜中观察到暗的消光现象时，就是检偏振镜与起偏振镜正交的位置。在实际观察中，常将检偏振镜作一个小角度的偏转，以增加显微组织的衬度。其偏转的角度由刻度盘上的刻度指示出来。若将检偏振镜在正交位置转动90°，则两偏振镜振动轴平行，这时和一般光线下照明的效果相同。

许多金相显微镜在出厂时已经把起偏振镜或检偏振镜的振动轴的方向固定好，只要调节另一个偏振镜的位置即可。

（3）载物台中心位置的调整。

利用偏振光鉴别物相时，经常需要将载物台作360°旋转。为使观察目标在载物台旋转时不离开视域，在使用前必须调节载物台的机械中心与显微镜的光学系统主轴重合，一般是通过载物台上的对中螺钉进行调整。

（4）偏振光照明下的色彩（色偏振）。

以上讨论的都是在单色偏振光照明下的情况，如果考虑到偏振光波长的影响，即用白色偏振光照明，则会产生色彩。

在金相显微镜中进行正交偏振光的观察时，在光程中插入灵敏色片（$\lambda = 576$ nm 的全波片）后，各向异性的金属其不同晶粒会出现不同的颜色。观察各向同性金属时，不加入灵敏色片，也会有不同颜色，但色彩不丰富。加入全波片后，色彩变得鲜艳。

转动载物台或灵敏色片，晶粒的颜色随之变化，这主要是偏振光干涉的结果。

偏光装置可以在明场照明和暗场照明两种方式下使用。

3）金相显微镜偏振光装置的应用

使用调整后的偏光装置，可拓展金相显微镜分析的功能：

① 可进行对各向异性材料组织的观察，如用偏光观察能显示球墨铸铁晶粒的方位、形状和大小，而在明场照明下不能分辨；

② 可进行对各向同性组织的观察；

③ 可对十多种材料非金属夹杂物进行鉴定。因篇幅关系，这部分内容可参阅参考文献[3]。

1.2.3 相衬显微术及其在金相显微分析中的应用

通常我们用金相显微镜观察试样的显微组织，是靠试样表面反射光的强弱（即黑白灰度的不同）来鉴别它的。有的显微组织由于其反射率和吸收率不同，而产生不同的灰度。反射率较大者，组织较明亮；反射率较小者，组织较灰暗。若试样上两相反的反射系数相同，仅有轻微浸蚀或各相硬度不同而使抛光时形成微小凹凸，或者有由塑性变形及第二类共格相变引起的表面浮凸，则样品表面的反射光没有强度的差别，只有光程的微小差别。对此一般金相显微镜明场就不易鉴别，当表面高低起伏极小时，更难辨别，而引入显微相衬术能成功解决这一问题。一般表面高低差为 10～150 nm 时均能用相衬显微装置观察得到。

荷兰物理学家泽而尼克（Zernike）于 1934 年首创相衬原理，并在实际应用中获得了巨大成就，因此他获得了 1953 年度的诺贝尔物理学奖。相衬显微分析是相衬原理最成功的应用之一。相衬显微术在细胞学、血液学、微生物学、寄生物学及生物学中主要用于透明体的观察，它避免了采用其他方法（如固结、染色等）时标本机能发生变化的弊端。在化学、结晶学、矿物学、金相学及纺织学中，相衬显微术也得到了广泛的应用。

1. 相衬显微术的光学原理

如图 1-21 所示，有一块透明的平行平板，其折射率在中间部分为 n_1，而其周围部分为 n。现以波长 λ 的相干平行光直射，透过该平板后，由于中间小板部分与周围部分的影响，该光束的波动方程为

$$y_1 = a \cos(\omega t + \delta) \qquad (1-6)$$

$$y = a \cos\omega t \qquad (1-7)$$

式中：a 为振幅；δ 为光线 1、2 透过平板后的相位差，$\delta = \dfrac{2\pi}{\lambda} d(n - n_1)$，$d$ 为平板的厚度。

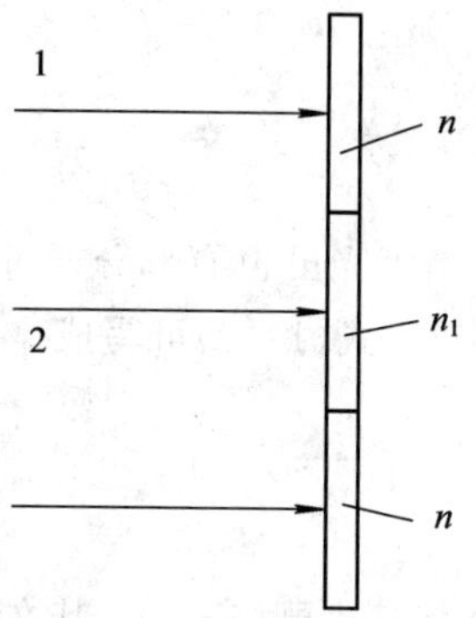

将透过小板的光线 2 的波动方程分解得

$$
\begin{aligned}
y_1 &= a \cos(\omega t + \delta) \\
&= a\left[\cos\omega t - 2\sin\frac{\delta}{2}\sin\left(\omega t + \frac{\delta}{2}\right)\right] \\
&= a \cos\omega t + 2a \sin\frac{\delta}{2}\cos\left(\omega t + \frac{\delta}{2} + \frac{\pi}{2}\right) \\
&= y + y'
\end{aligned}
\qquad (1-8)
$$

图 1-21　相干光通过透明平行平板

由式（1-8）可见，通过小板的光可以分为两部分：一部分称为直射光，其波动方程为 y；另一部分称为衍射光，其波动方程为 y'。综合式（1-6）和式（1-8）可以认为，相干光束通过平板后分成两部分：一部分是通过整个平板（包括小板）的直射光，另一部分仅是由小板引起的衍射光。相应的波动方程为

$$
\begin{cases}
y = a \cos\omega t \\
y' = 2a \sin\dfrac{\delta}{2}\cos\left(\omega t + \dfrac{\delta}{2} + \dfrac{\pi}{2}\right)
\end{cases}
\qquad (1-9)
$$

通过图 1-22 的装置使两部分光在像平面叠加，像点 A' 的振幅 a' 满足

$$a'^2 = a^2 + 4a^2\left(\sin\frac{\delta}{2}\right)^2 + 4a^2 \sin\frac{\delta}{2}\cos\left(\frac{\delta}{2} + \frac{\pi}{2}\right) = a^2$$

而直射光所达像平面上各点振幅为 a。显然，它们的亮度相同，衬度 $k = 0$，在像平面上无法区别小板及周围介质。

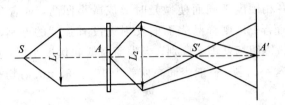

图 1-22　未安置相板时的光路

若在直射光的汇聚点 S' 处放置一相板(见图 1-23),则会使通过相板的直射光相位改变 δ_1。

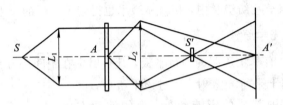

图 1-23　安置相板时的光路

衍射光虽也有部分通过相板,但因相板很小,其影响可忽略不计,故衍射光的波动方程不变,式(1-9)可写成

$$\begin{cases} y'' = a\cos(\omega t - \delta_1) \\ y' = 2a\sin\dfrac{\delta}{2}\cos\left(\omega t + \dfrac{\delta}{2} + \dfrac{\pi}{2}\right) \end{cases} \quad (1-10)$$

这两个振动是相干的,其在小板像中心 A' 的合成振幅 a' 为

$$a'^2 = a^2\left[1 + 4\sin^2\frac{\delta}{2} + 4\sin\frac{\delta}{2}\cos\left(\frac{\delta}{2} + \frac{\pi}{2} + \delta_1\right)\right] \quad (1-11)$$

其衬度

$$k = \frac{a^2 - a'^2}{a^2} = -4\sin\frac{\delta}{2}\left[\sin\frac{\delta}{2} - \sin\left(\frac{\delta}{2} + \delta_1\right)\right] \quad (1-12)$$

若相板使直射光相位滞后 $\delta_1 = \dfrac{\pi}{2} - \dfrac{\delta}{2}$,则当 δ 很小时,衬度 k 达到最大,式(1-12)变为

$$k_{\max} = 4\sin\frac{\delta}{2}\left(1 - \sin\frac{\delta}{2}\right) \approx 4\sin\frac{\delta}{2} \approx 2\delta \quad (1-13)$$

由此可见,应用相板后可以增大小板像的衬度,使之在显微镜下可以分辨。

2. 金相显微镜的相衬装置

1) 相衬显微镜(或相衬装置)的光学原理

相衬显微镜(或相衬装置)是基于相衬原理构建而成的。图 1-24 为透射光相衬显微镜光学原理。图中,A 为物平面;A 的左边为柯勒远心照明光路;D_1 为视场光阑,它与物平面 A 共轭;D_2 为孔径光阑,它与相板 S' 共轭;L_2 为显微镜物镜;相板安置于它的像方焦平面 F'_2 处;A' 为物镜的像平面;目镜图中未标出。为了使直射光通过面积很小的相板,孔径

光阑 D_2 也应较小。通常衍射光（以虚线段表示）在物镜像方焦平面上的直径应大于直射光的直径的 10 倍以上，该装置才能较好地工作。

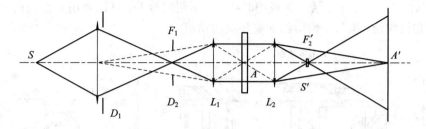

图 1-24　透射光相衬显微镜的光学原理图

图 1-25 为反射光相衬显微镜的光学原理图。作为金相显微镜附件之一的相衬装置，其原理基本上与反射光相衬显微镜相仿。

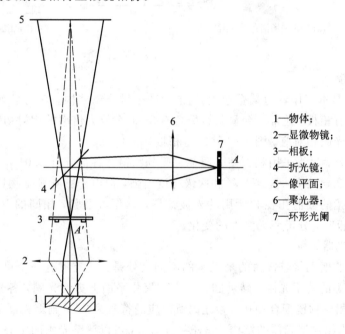

1—物体；
2—显微物镜；
3—相板；
4—折光镜；
5—像平面；
6—聚光器；
7—环形光阑

图 1-25　反射光相衬显微镜的光学原理

相板 3 应安置在物镜的像方焦平面上，并与环形光阑 7 共轭（对聚光器 6 而言）。图 1-25 中实线表示直射光。

2）相衬装置关键零部件简介

（1）环形光阑。

在使用时，环形光阑放在相衬显微镜的孔径光阑附近，并将孔径光阑调到最大。环形光阑常做成圆环形状。

（2）相板。

相板是在圆玻璃片上对应于环形光阑透光的圆环处用真空镀膜工艺镀一层或多层光学薄膜制成的。一层是氟化镁，用于产生相位差；另一层是吸收层银或铝，起调幅作用。带有涂层的环叫相环，控制氟化镁涂层厚度，使直射光推迟 $\pi/2$ 或 $3\pi/2$（相当于超前 $\pi/2$）。调幅的多少取决于银或铝的厚度，也有的做成凹环状或者凸环状代替氟化镁涂层起移相作用。相板有固定相板和活动相板两种。固定相板在物镜的焦平面上，这种物镜为专用的相衬物镜，如图1-26所示。活动相板用时插入，不用时拆下，可以利用显微镜已有的物镜，不必另配相衬物镜，但每个物镜都配有相应的相板。

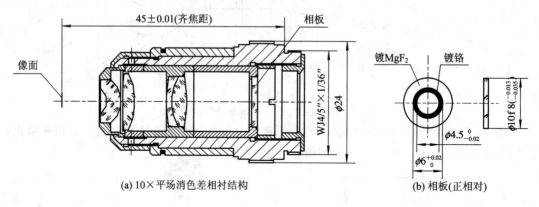

(a) 10×平场消色差相衬结构   (b) 相板(正相对)

图 1-26   10×平场消色差相衬物镜

（3）相衬物镜。

图1-26(a)是本书作者为某企业设计的10×相衬物镜结构。它的显著特点就是在像方焦平面上安放有相板。通常一台显微镜配置有3～4个放大倍率的相衬物镜，它们与相衬聚光器中的环形光阑相对应。图1-26(b)是相板。

值得指出的是，尽管采用相板使人眼能感受到物镜体各部分有0.01 μm的光程差，同时由于相板的存在导致中央亮斑半径和次级亮度增强，但由于影响显微物镜分辨率的最主要因素仍然是物镜的数值孔径和所用的光波波段，据作者经验，相同的 NA、λ 的显微物镜，在有无相衬板时，分辨率无多大的变化。

（4）相衬聚光器。

相衬显微镜的聚光器与普通的聚光镜的不同之处是：其上附有一个可以旋转的圆盘，转盘上有面积不等的若干光阑。转动圆盘可以在聚焦平面上更换光阑，各光阑用不同的符号标志，以便与相应物镜配合使用。若光阑所对应的符号为"0"，则聚光器下为明视场通用光孔。图1-27为相衬聚光器的结构。螺杆共有两个，可以调整光阑的中心。旋转这两个螺杆可使光阑在垂直于光轴的平面内移动，使它的中心与光轴重合。

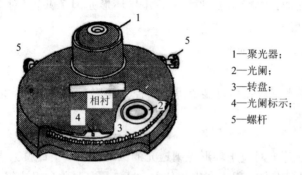

1—聚光器；
2—光阑；
3—转盘；
4—光阑标示；
5—螺杆

图 1-27   相衬聚光器

1.2.4　微分干涉相衬显微术及其在金相显微分析中的应用

1. 微分干涉相衬显微术概述

微分干涉相衬显微术（简称 DIC）是 20 世纪 50 年代中期在光学显微术内出现的一个新分支，即偏振光的双光束干涉。它是一种观察具有微小高度差的形貌的光学显微术。这项技术将显微术的垂直分辨率提高到纳米级。它和相衬技术相似，都是将试样的表面微小高度差造成的光程差转变为人眼及感光材料所能感受到的强度差，从而提高了显微组织细节之间的衬度，便于识别，但是其原理有所不同。与其他双光束干涉显微术相比，主要区别是：微分干涉相衬显微术参加干涉的两支光束均通过物体，然后用某些方法再通过合成一束以产生干涉，而不是一支通过物体的光束和另一支不通过物体的参考光束之间的干涉。

微分干涉相衬能将物体的光学厚度梯度如实地反映出来，形成其他显微术所没有的三维立体浮雕图像。由于此项技术使被观察试样组织有很强的立体感和鲜艳的色彩，因此在金相学、晶体学、集成电路、陶瓷和高分子材料、生物和医学等领域发挥了重大作用。

值得指出的是，微分干涉相衬显微术长期以来都被国外显微镜厂家所垄断，直到 2010年，广州粤显光学仪器公司（原广州光学仪器厂）的技术团队终于率先研制出"中国制造"的微分干涉相衬显微镜，填补了国内空白。随后浙江瞬宇光学仪器厂和宁波教学仪器厂等企业也做出了相应的同类产品。

2. 微分干涉相衬成像光路简析

在详细地分析微分干涉相衬光学原理之前，下面简要地介绍微分干涉相衬成像光路作为铺垫。按物体透明与否，微分干涉相衬光路可分为透射式与落射式两种，如图 1-28 和图 1-29 所示。

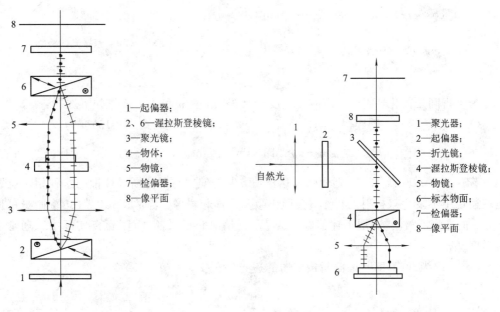

1—起偏器；
2、6—渥拉斯登棱镜；
3—聚光镜；
4—物体；
5—物镜；
7—检偏器；
8—像平面

1—聚光器；
2—起偏器；
3—折光镜；
4—渥拉斯登棱镜；
5—物镜；
6—标本物面；
7—检偏器；
8—像平面

自然光

图 1-28　透射干涉相衬光路　　　　图 1-29　落射干涉相衬光路

以图 1-28 为例，自然光经起偏器 1 后成为一束线偏振光，经渥拉斯登棱镜 2 后该偏振光分成 o 光(寻常光)和 e 光(非寻常光)，再经聚光镜 3 后分成两束平行光通过物体 4，然后经物镜 5、渥拉斯登棱镜 6 及检偏器 7 在像平面 8 上产生 3D 浮雕图像。

以图 1-29 为例，自然光经起偏器 2 后成为一束线偏振光，经过折光镜分成两路，往下经渥拉斯登棱镜 4 后该线偏振光分成 o 光(寻常光)和 e 光(非寻常光)，经物镜 5 到达标本物面 6，反射光被物镜 5 吸纳后经渥拉斯登棱镜 4 与折光镜 3 另一支光合成一束产生干涉，经检偏器 7，在像平面 8 上产生 3D 浮雕图像。

3. 微分干涉相衬成像原理

鉴于微分干涉相衬成像原理不是很容易描述得清楚，下面回顾微分显微术的技术进步中的"里程碑"式的阶段，试图一步一步地认识它。

1）平行偏振光的干涉

微分干涉相衬在原理上属于平行偏振光双光束干涉，像平面各点的光强度与两束光的状态有关，如图 1-30 所示。设偏振光进入渥拉斯登棱镜后分成的 e 光振动方向为 x，o 光振动方向为 y。

起偏器 P_1 的透光方向与 x 轴成 α 角，检偏器 P_2 的透光方向与 P_1 成 φ 角，则光线自检偏器出来后两束光的振动方程分别为

$$\begin{cases} E' = a\cos\alpha\cos(\alpha+\varphi) \\ E'' = a\sin\alpha\sin(\alpha+\varphi)e^{l_s} \end{cases} \quad (1-14)$$

式中，a 为振幅，δ 为两束光通过整个装置后的位相差，l_s 为偏振光 P_1 中的 s 分量。两振动相干后，在干涉屏上的光强度为

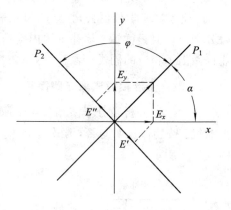

图 1-30 偏振光的叠加

$$\begin{aligned} I &= a^2\cos^2\varphi - a^2\sin 2\alpha\sin 2(\alpha+\varphi)\sin^2\frac{\delta}{2} \\ &= a^2\left[\cos^2\varphi - \sin 2\alpha\sin 2(\alpha+\varphi)\sin^2\frac{\delta}{2}\right] \end{aligned}$$

$$(1-15)$$

为了将问题简化，使干涉后的光强度达到极值，对 α 和 φ 的值作如下选择：

(1) φ 取为零度，则起偏器与检偏器的透光轴平行，此时式(1-15)变为

$$I = a^2\left(1 - \sin^2 2\alpha\sin^2\frac{\delta}{2}\right) \quad (1-16)$$

若 α 取 $0°$、$90°$ 或 $180°$，则光强度达极值，但起偏器与渥拉斯登棱镜的这种相对位置使光在棱镜中不发生双折射，也就不会形成微分干涉相衬像。若 α 取 $45°$ 或 $135°$，则虽可形成干涉，但光强度极小。α 取上述值以外的值，则情况介于二者之间。因此实际中 φ 通常不取为零度。

(2) φ 取为 $90°$，即起偏器与检偏器的透光轴正交，式(1-15)变为

$$I = a^2\sin^2 2\alpha\sin^2\frac{\delta}{2} \quad (1-17)$$

当 α 为 $0°$、$90°$ 或 $180°$ 时，棱镜不发生双折射，且 $I=0$，为极小值，视场处于全暗的消

光位置；当 α 为 45°、135°时，棱镜有双折射，光强度为极大，式（1-17）写为

$$I_{\max} = a^2 \sin^2 \frac{\delta}{2} \qquad (1-18)$$

此时，像面上各点的光强度仅取决于两束光的位相差。因此，起偏器与检偏器正交，且其透光轴与 e 光振动方向为 45°或 135°。实用中常采纳此种方案。

2）渥拉斯登棱镜

如图 1-31 所示，渥拉斯登棱镜由两块直角石英（或方解石）棱镜胶合而成，两个直角棱镜的光轴互相垂直，又都平行于各自的长边。图 1-31 中，↔和⊙表示光轴方向，前者平行于纸面，后者则与纸面相垂直。

当一束很细的偏振光（振动方向与棱镜光轴夹角为 45°）垂直入射到下棱镜时，该光可分解成振动方向相互垂直的 o 光和 e 光，前者与纸面垂直，后者则平行于光轴，在纸平面内。o 光和 e 光的前进方向虽然相同，但由于晶体的双折射特性，其 n_o 和 n_e 不同，因此二者速度不同，具有位相差。当光束前进到界面 AC 时，由于上棱镜光轴位置不同，因此 o 光与 e 光发生转化。对振动方向垂直于纸面的光矢量而言，在下棱镜时为 o 光，进入上棱镜后变为 e 光。由于石英为正晶体，$n_o < n_e$，因此这支光通过界面时，属于从光疏介质进入光密介质的状态，将靠近法线传播。对光矢量平行于纸面的光而言，情况恰好相反，通过界面后将远离界面法线传播。这样，从渥拉斯登棱镜出射的是两束有一定夹角且光矢量相互垂直的线偏振光（eo 和 oe）。当棱镜顶角 θ 不大时，它们与出射面法线的夹角 ξ 为

$$\xi = \arcsin[(n_e - n_o)\tan\theta] \qquad (1-19)$$

eo 和 oe 光的微小夹角 2ξ 就是剪切角。为确保两束偏振光的横向分离量小于显微镜的分辨率，以形成浮雕像，此角一般小于 30″。

从两束光的程差分析，当线偏振光由棱镜中间位置射入（见图 1-31）时，对下棱镜而言，o 光程差小于 e 光，但通过界面 o、e 光转换后，$\overline{oe}$ 光程差大于 $\overline{eo}$ 光和 $\overline{eo}$ 光的夹角很小，可以认为 $\overline{oe}$ 光和 $\overline{eo}$ 光在上棱镜中走过的路程（不是光程）相同，且等于下棱镜中 o、e 光所走过的路程。因此，两光束自棱镜出射前各走完相同的光程，$\overline{oe}$ 光和 $\overline{eo}$ 光的程差也为零，位相差也为零。但是横向移动棱镜使偏振光不在棱镜中间入射时，情况就不同，出射光束在上、下棱镜中走的路程不同，将产生程差，如图 1-32 所示。

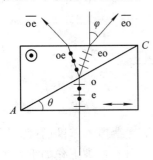

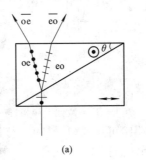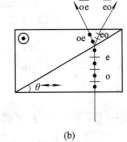

（a）　　　　　　　　（b）

图 1-31　渥拉斯登棱镜　　　　　　图 1-32　光线不居中入射渥拉斯登棱镜

当光线由下棱镜左侧（棱镜小端）入射（见图 1-32（a））时，$\overline{eo}$ 波超前 $\overline{oe}$ 波，光程差为正。反之为负，$\overline{eo}$ 波滞后 $\overline{oe}$ 波（见图 1-32（b））。

3）微分干涉相衬原理

讨论了平行偏振光干涉和渥拉斯登棱镜的作用后即可进一步研究微分干涉相衬的成像原理，如图1-33所示。自然光经起偏器1后成为线偏振光，经下渥拉斯登棱镜2后微分剪切成振动相互垂直的o光和e光。为了使像面照度均匀，该二光束经聚光镜3后以平行光出射照亮物面。通过物体4后，经物镜5、上渥拉斯登棱镜6复合成一光束，再经检偏器7后在像平面8上发生干涉。光线通过各元件后的振动方向如图1-33(a)所示。设物体为各向同性且具有矩形横截面，它的折射率大于周围介质的折射率，当平面波通过物体时，波前就变成与矩形截面相似但方向相反的矩形波。以图1-33(c)为例，a行表示光波经下渥拉斯登棱镜和聚光镜后分裂成两分波 Σ_{oe} 和 Σ_{eo}，它们之间有一横向剪切量 s。b行表示这两个分波的重叠部分通过物体时产生矩形突变，但非重叠部分的剪切量 s 依然存在。这两个波通过物镜及上渥拉斯登棱镜后，横向剪切量抵消，二波重合，但此时矩形波产生横向剪切 s（见c行），这两个波的差分波 $\Sigma_D = \Sigma_{oe} - \Sigma_{eo}$（见d行），经检偏器后将在暗背景的平面上产生两个亮条（见e行）。

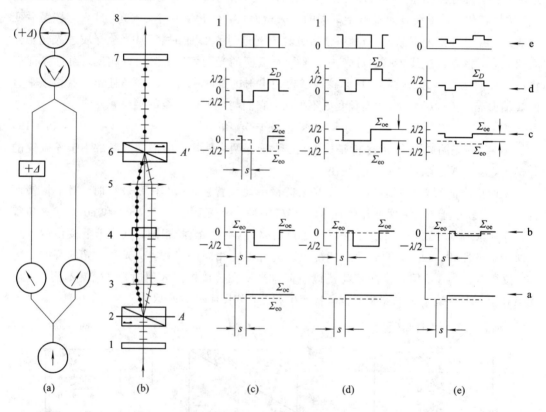

图1-33 微分干涉相衬的成像原理

实际上，像平面上像的明暗可用式(1-18)进行计算，以程差为零作基准面（此时位相差也为零）。假设光波通过物体后产生 $\lambda/2$ 的程差，则可将图(c)d行的波形作如下处理（见图1-34）：将波形分成5个区域，对1、3、5三个区域而言，Σ_D 对基准面程差为零，即 $\delta=0$，故按式(1-18)可算得 $I=0$，属暗区；对2区而言，Σ_D 对基准的程差为 $-\lambda/2$，即 $\delta=-\pi$，代入式(1-18)得 $I=a^2\sin^2\left(-\dfrac{\pi}{2}\right)=a^2=I_0$，光强度为最大；对4区而言，$\Sigma_D$ 对

基准的程差为 $\lambda/2$，可与 2 区得到同样的结果，因此形成黑暗背景上的两个亮条（见图 1-33(c)e 行）。

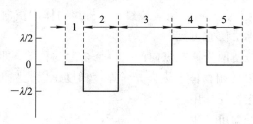

图 1-34　波形处理（一）

以上所述是光线从渥拉斯登棱镜中间射入，棱镜未使光波在系统光轴方向（纵向）产生附加程差的情况，像不具有浮雕性。若横向移动上渥拉斯登棱镜，使两列波在纵向有一附加程差 Δ，则像平面的情况将发生改变。设 Σ_{oe} 波超前 Σ_{eo} 波 $\lambda/2$（见图 1-33(d)），此时差分波 Σ_D 如 d 行所示，其在像平面上的光强度仍可用式（1-18）计算。将 d 行的波形分成 5 个区域（见图 1-35），对 1、3、5 区而言，Σ_D 对基准的误差为 $\lambda/2$，即 $\delta=\pi$，代入式（1-18）可得 $I=I_0 \cdot \sin^2 \dfrac{\pi}{2}=I_0$，为极大，属亮区；对 2 区而言，程差为 0，可得 $I=0$，属暗区；对 4 区而言，程差为 λ，即 $\delta=2\pi$，代入式（1-18）后 $I=I_0 \sin^2 \pi=0$，为极小，也属暗区。因此在图 1-33(d)e 行中光强度表现为亮背景中有两个暗条。上述明暗条表示物体相应部分光学梯度的变化位置。

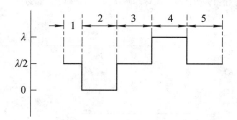

图 1-35　波形处理（二）

若物体产生的程差为 $-\lambda/8$，上渥拉斯登棱镜移动引起的附加程差为 $\lambda/4$，则波形如图 1-33(e) 所示，光强度按式（1-18）和图 1-36 计算。

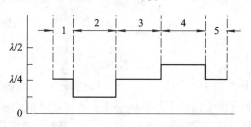

图 1-36　程差为 $-\lambda/8$ 时的波形

对 1、3、5 区而言，程差为 $\lambda/4$，即 $\delta=\pi/2$，相应光强度 $I_1=I_0 \sin^2 \pi/4=0.5I_0$；对 2 区而言，程差为 $\lambda/8$，$\delta=\pi/4$，相应光强度 $I_2=I_0 \sin^2 \pi/8=0.146I_0$；对 4 区而言，程差为 $3\lambda/8$，$\delta=3\pi/4$，则 $I_3=I_0 \sin^2 3\pi/8=0.85I_0$。光强度曲线见图 1-33(e)e 行。此时背景有一定亮度，物体的两边相对于背景而言一边暗，另一边亮。若剪切量 s 合适，则将产生浮雕像。

综上所述，要使物体产生具有 3D 立体感的浮雕像，必须具备下列条件：

（1）由下渥拉斯登棱镜使两分波形成一个横向剪切量，此量应略小于显微物镜的分辨率。两光波经相物体、物镜、上渥拉斯登棱镜后，将相物体中横向分离值内的光学梯度以光强度衬比形式体现出来，使它可见。

（2）上渥拉斯登棱镜使两光波在纵向产生一个合适的程差，即两光波各自形成的像在纵向有一合适的分离，以便相物体上纵向光学厚度梯度也以光强度衬比形式体现，使像元上出现阴影效果，对像起衬托作用。

二者适当综合，浮雕即可产生。

以上仅讨论了单色光时的情形。当用白光照明时因各种波长产生的程差不同，故背景和干涉像中的干涉色彩将是各种波长形成的干涉色混合结果，整个视场呈现了极其丰富的干涉色彩。

渥拉斯登棱镜的微分干涉相衬装置只能在低倍显微物镜下使用，其原因是为使平行光照明物体，必须使聚光镜的物方焦平面位于棱镜内部，并与 o、e 光分离之处的平面相重合（见图 1-33(b) 中的 A 面），这个平面称为相干平面。对物镜也有类似情况，它的像方焦平面必须与棱镜内两光束的会聚面（相干平面）A′相重合。这种要求对低倍物镜和聚光镜而言是容易满足的，因其工作距离较长，但对高倍物镜和高倍聚光镜而言却不能满足。这就是微分干涉相衬显微术初出现时用途受到限制的缘故。

4）诺马斯基微分干涉相衬

为了解决上述装置应用的局限性，G. Nomarski 对整个系统中的渥拉斯登棱镜稍作改进，制成了诺马斯基棱镜，如图 1-37 所示。

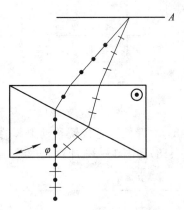

图 1-37　诺马斯基棱镜

在诺马斯基棱镜的下半块中，其晶体光轴与长边成一角度 φ（而不是如渥拉斯登棱镜中下半块的晶体光轴平行于长边），其上半块不变。这样，光束进入下半块棱镜时，o 光和 e 光即行分离，使干涉平面 A 移至棱镜之外，解决了高倍物镜（或聚光镜）工作距离短的问题。整个装置的光学原理如图 1-38 所示，可见，干涉平面 A、A′均在诺马斯基棱镜 2、8 之外，满足了高倍物镜和聚光镜的要求。

实际上，由于棱镜的胶合面是一斜面，致使其相应的干涉平面也与系统的光轴成一角度，为使干涉平面与系统光轴垂直以便于物镜（或聚光镜）的焦平面重合，必须将棱镜相应转动一个角度。

相关的计算表明，诺马斯基棱镜的作用是把干涉面移至棱镜外，它正比于分离角 α，且相干面仍是倾斜的，其斜率亦正比于 α。如图 1-39 所示，诺马斯基棱镜的楔角很小（约十几分），厚度为 1 mm 左右，通常用石英制造。

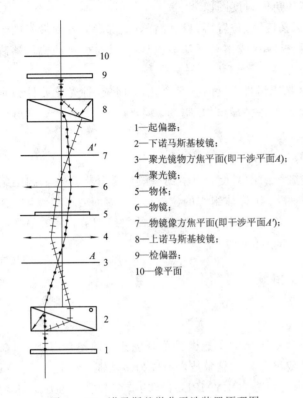

1—起偏器；
2—下诺马斯基棱镜；
3—聚光镜物方焦平面（即干涉平面 A）；
4—聚光镜；
5—物体；
6—物镜；
7—物镜像方焦平面（即干涉平面 A'）；
8—上诺马斯基棱镜；
9—检偏器；
10—像平面

图 1-38　诺马斯基微分干涉装置原理图　　　图 1-39　诺马斯基棱镜的相干面

4. 金相显微镜微分干涉相衬装置及其调节和使用

1）微分干涉相衬装置的调节和使用

根据诺马斯基微分干涉相衬装置原理图 1-38，可以设计制造出微分干涉相衬显微镜，大型显微镜做成微分干涉相衬装置附件，除了微分干涉相衬物镜、特殊的聚光镜、偏振镜外，其余都能与其他附件共享显微镜本体的资源。

聚光器类似于相衬显微装置中的转盘形式，但内部安装了各种倍率的诺马斯基棱镜。使用不同物镜时，可以转动转盘以选择相应的棱镜。

为了扩大使用范围，某些转盘内有明视场观察用的空镜孔。

物镜有两种设计形式。一种是每种放大倍率的物镜各配备一块诺马斯基棱镜，装配时，棱镜的相干像平面 A' 应与物镜像方焦平面重合（见图 1-38）。使用时只要用螺栓横向移动棱镜以改变干涉色即可。这种设计像质好，使用方便，但成本高。另一种设计是所有物镜均采用一块诺马斯基棱镜。使用这种装置时，棱镜在光轴方向和横向位置均能调整。对某一放大倍数的物镜而言，先轴向调整棱镜，使相干像面 A' 与物镜像方焦平面重合，然后横向移动棱镜以改变干涉色，从而取得最好的观察效果。这种设计成本低，但使用较为复杂。

微分干涉相衬装置附件少,使用简便,主要有以下几个步骤:

(1) 将起偏器和检偏器推入光程。

(2) 将渥拉斯登棱镜或诺马斯基棱镜推入光程。

(3) 插入灵敏色片以形成更加丰富的色彩衬度图像。

(4) 调节主渥拉斯登棱镜(或诺马斯基棱镜)位置可以改变背景的颜色,得到最好的干涉衬度。有的显微镜不能调节主渥拉斯登棱镜(或诺马斯基棱镜),可以通过转动检偏器改变其背景颜色。

现代显微镜中有的装有一个万能聚光镜组件,上面有 5 个孔,可将 5 种光学元件分别装配在孔内,转动万能聚光镜即可实现 5 个特种显微术(暗场、偏光、相衬、干涉、微分干涉等)的切换。

2) 金相显微镜微分干涉相衬装置的应用

在金相学研究中,能够大大提高显微组织的衬度,观察到一般显微分析观察不到的组织细节,如相变浮凸、铸造合金的枝晶偏析、半导体组织的位错形貌、表面变形组织等。在微分干涉衬度技术下可以看到一般照明下不能观察到的相变浮凸的组织细节,并有很强的立体感。

1.2.5 多功能金相显微镜和特型金相显微镜简介

1. 多功能金相显微镜

当今国际上各品牌借助无限像距光学系统推动了显微镜系统的集成改造(SID),即在一种显微镜主机平台上通过附件的外接或组合各种显微技术而成为多功能的显微镜。蔡司(Zaiss)、徕卡(Leica)、尼康(Nikon)、奥林巴斯(OLYMPUS)等均有多款产品在国际市场上热销。

现以徕卡的 MLM 光学显微镜为例展开阐述。

这是一款用于研究的集成多种显微技术的"全能型"正置金相显微镜,它有反射光和透射光两套照明系统。反射光下可进行明场、暗场、微分干涉、偏光、荧光观察和干涉显微硬度测量。在透射光条件下,也可进行明场、暗场、斜光(三维影像)、相衬、微分干涉、偏光观察。图 1-40(a)为 MLM 显微镜的主机,图(b)~(f)分别为该机在明场、微分干涉、偏光、显微硬度和暗场等显微术条件下所采集到的图像照片。

2. 微分干涉相衬金相显微镜

中国广州粤显光学仪器有限责任公司(原广州光学仪器厂)生产的 L3230DIC 微分干涉相衬金相显微镜是具有自主知识产权的特型金相显微镜,它的出现打破了国外对该类产品在我国市场的垄断格局,填补了我国产品的空白。

1) 仪器特点与应用

L3230DIC 微分干涉相衬金相显微镜适用于对不透明物体的表面形态进行反射式微分干涉相衬观察,也可对透明物体进行透视显微观察。系统采用优良的无限远光学系统与模块化功能设计理念,可提供卓越的光学性能与产品系统升级,产品具有造型美观、操作方便、图像清晰等特点,可应用于精密工程领域的产品检测与分析。

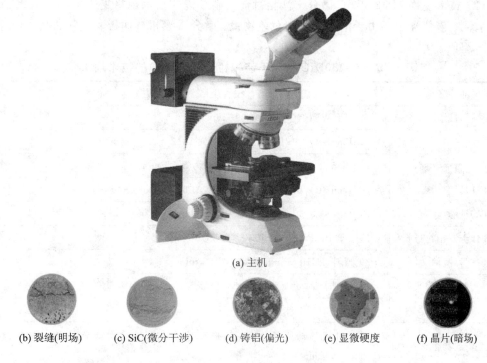

(a) 主机

(b) 裂缝(明场)　　(c) SiC(微分干涉)　　(d) 铸铝(偏光)　　(e) 显微硬度　　(f) 晶片(暗场)

图 1 - 40　MLM 光学显微镜

2) 仪器结构特征与技术规格

(1) L3230DIC 微分干涉相衬金相显微镜的结构特征如图 1 - 41 所示。

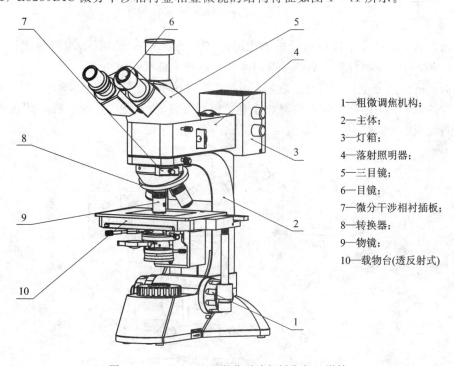

1—粗微调焦机构；

2—主体；

3—灯箱；

4—落射照明器；

5—三目镜；

6—目镜；

7—微分干涉相衬插板；

8—转换器；

9—物镜；

10—载物台(透反射式)

图 1 - 41　L3230DIC 微分干涉相衬金相显微镜

（2）技术规格。L3230DIC 微分干涉相衬金相显微镜的技术规格见表 1-2。从表 1-2 中可看到，该仪器主要由无限远平场消色差物镜、微分干涉相衬插板和特殊的载物台等主要部分组成。

表 1-2　L3230DIC 微分干涉相衬金相显微镜的技术规格

部件名称	技术规格（标准配置）	
目镜	大视野 WF10×（视场数 ϕ22 mm）	
无限远平场消色差物镜	LMPlan5×/0.12DIC，工作距离为 18.2 mm	
	LMPlan10×/0.25DIC，工作距离为 20.2 mm	
	LMPlan20×/0.35DIC，工作距离为 6.0 mm	
	PL L40×/0.60，工作距离为 3.98 mm	
微分干涉相衬插板	适应于 LMPlan5×、10×、20×DIC 物镜	
目镜筒	30°倾斜，瞳距调节范围为 53～75 mm	
调焦机构	粗微动同轴调焦，带锁紧和限位装置，微动格值为 2.0 μm	
转换器	五孔（内向式滚珠内定位）	
载物台	双层机械移动式载物台，外形尺寸为 210 mm×140 mm，移动范围为 75 mm×50 mm	
照明系统	上光源	12 V，50 W 卤素灯，亮度可调
	下光源	12 V，30 W 卤素灯，亮度可调

3）微分干涉相衬观察

本仪器适配的微分干涉相衬插板不能通用产品的所有物镜，只能与对应物镜形成匹配，从而使微分干涉相衬观察到的显微图像质量达到优良状态。

在需要进行微分干涉相衬观察之前，请按使用说明书（见参考文献[16]）中"12.粗微动调焦装置的调整"，先调节粗微动调焦手轮，使视场成像清晰，再按本机使用说明书中"13.偏振光观察"方法，将仪器调整至正交状态，见图 1-42。

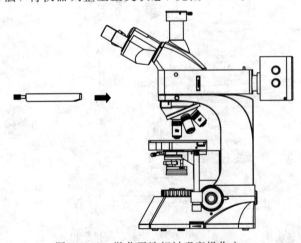

图 1-42　微分干涉相衬观察操作之一

完成上述步骤后可将与物镜对应的微分干涉相衬插板插入如图1-43所示的插槽内，再把孔径光阑关至最小，照明亮度调至较亮或最亮状态。

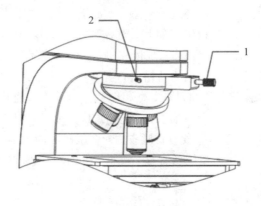

图1-43　微分干涉相衬观察操作之二

旋转微分干涉棱镜调节旋钮1，使视场内的干涉色均匀，观察到的图像呈现较明显的浮雕感。调整微分干涉棱镜至最佳状态后，可用图1-43所示的锁紧螺钉2固定微分干涉相衬插板，使图像保持稳定状态。DIC插板适用于5×、10×、20×物镜，并不适用于40×物镜。DIC插板调节过程中，所观察到的图像清晰、均匀，呈现的浮雕感如图1-44所示时，为比较理想的状态。

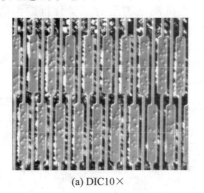
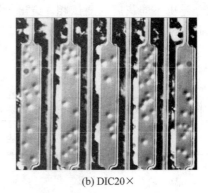

(a) DIC10×　　　　　　　　　　　(b) DIC20×

图1-44　微分干涉相衬观察效果图

1.3　光机电算有机融合提升现代金相显微分析水平

传统的金相分析基于光学和精密机械结合的金相显微镜，辅以显微摄影的记录手段，而现代科技的发展推动了金相定量分析。本书作者认为只有光机电算有机融合才是提升现代金相分析的必由之路。近十年来出现了自动图像分析仪，本书作者基于"记录手段的视频化、数字化，操作手段的自动化，金相图像分析智能化"理念研发出了一系列新型金相显微镜，这些积极的探索为提升现代金相显微分析水平创造了有利的前提。

1.3.1　金相显微镜的现代化与现代化金相显微术

金相检验可为生产、科研、失效分析、不良品分析提供大量的信息及数据。从表1-1

中可看到，尽管实验室金相显微镜、研究用金相显微镜具有明场、暗场、偏光、显微硬度、微分干涉等多种显微术，但就记录手段方面，主要还是显微摄影。显微摄影只能记录静态画面；传统金相显微组织照片都要经过胶片感光、冲洗、印制、烘干等过程，操作繁琐，制作周期长。要得到一张满意的金相组织照片，既需要一定的仪器、场地及大量耗材，又费工费时，效率低且影响效果的因素很多。现代先进成像、图像传感和计算机图像处理技术的发展，给金相显微镜插上了现代化的新翅膀，本书作者认为其主要的技术进步为：记录手段的视频化、数字化；操作手段自动化；金相图像分析手段智能化。因此，这也为金相显微术增添了崭新的内容——能实现动态实时快速的自动（或半自动）定量检测。应用具有视频（或数码）采集系统的现代金相显微镜省时省力，在很短时间内能直接打印一份质量上乘的金相照片和试验报告，可使大量资料存储、查询、上网和管理实现自动化、信息化。

1.3.2　自动图像分析仪及其应用

在显微镜下进行金相定量分析费时费力，且带有一定的主观随意性。近十年来出现的自动图像分析仪将电子束扫描与微处理机联系起来，图 1-45 是它的结构方框图，其中成像系统主要是将试样的显微组织变成图像。大型图像分析仪一般可以接不同的成像系统，如光学显微镜、透射电镜、扫描电镜、电子探针、投影仪等，这样的成像系统保证了其分辨率。扫描器是一个摄像管，把图像明暗衬度的变化变成强弱不同的电流，送入显像管成像。探测器能分辨出不同灰度的测试相，给出不同灰度的测试物质的定量分析数据，例如晶粒度、相和质点的体积百分数、夹杂物等。

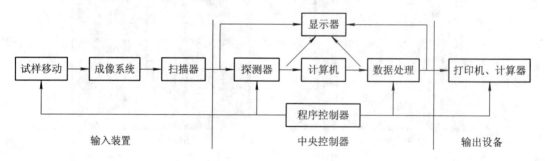

图 1-45　自动图像分析仪结构方框图

1.3.3　新型金相显微镜系列产品简介

本书作者通过产学研结合，研发出了具有国内领先水平的金相显微镜系列产品。

本书作者所在的桂林电子科技大学光机电一体化研究所科研团队于 2004－2005 年承接了广西柳州机车车辆厂委托的对 NEPHOT21 型大型金相显微镜（德国 Zeiss）进行数字化改造的项目，以及广西柳工机械股份有限公司委托的对 PME&PMD 型立式金相显微镜（日本 OLYMPUS）进行视频化、数字化改造的项目。经过近两年的努力工作，不仅改造后的金相显微镜的各项性能指标均达到技术合同的要求，而且为研发新型金相显微镜奠定了坚实的基础。

桂林电子科技大学光机电一体化研究所与广西梧州市澳特光电仪器有限公司于 2006－2009 年通过产学研合作，先后研发出以下金相显微镜：

（1）JX-1型自动正置金相显微镜，如图1-46所示。通过鉴定，其整机性能达到国内领先水平，其中长工作距离无限远像距平场半复消色差物镜达到国际先进水平，获2007年广西梧州市科技进步奖。2012年3月获准为中国实用新型专利（专利号为ZL201120254296.1）。

（2）JX-2型中级正置金相显微镜，如图1-47所示。通过鉴定，其整机性能达到国内领先水平，其中无限远像距平场半复消色差物镜达到国际先进水平。

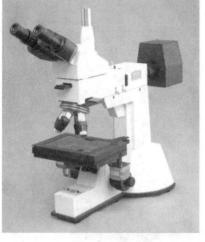

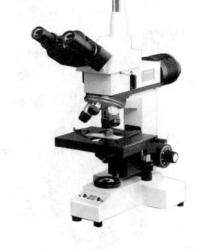

图1-46　JX-1型自动正置金相显微镜　　　　图1-47　JX-2型中级正置金相显微镜

此外，还有JX-3型中级金相显微镜、JX-4型自动正置金相显微镜，以及由JX-4型为基础件架构的自动显微系统多媒体互动实验教学平台等产品。

下面就后面两种产品展开介绍。

1. JX-4型自动正置金相显微镜

1）用途与特点

JX-4型自动正置金相显微镜属于实验室金相显微镜的范畴。所谓正置金相显微镜，指的是它的光路布置为试样磨面向上，物镜向下，可用在观察或研究分析不方便传统倒置金相显微镜观察的金属、硅片等反射标本和试样的表面结构，适用于厂矿企业、学校、科研机构等部门进行金属材料质量检验，以及金属零件处理后做金相组织分析，近年来逐渐广泛地应用于电子工业进行晶体、芯片及新材料等方面的质量检验及其他反射标本表面微细结构的观察。该自动正置金相显微镜可以辅以教学软件构建成自动显微系统多媒体互动实验教学平台。

JX-4型自动正置金相显微镜的主要特点如下：

（1）采用无限远像距色差校正光学系统，配置平场半复消色差物镜，成像清晰，分辨率高，视野平坦。

（2）采用数值孔径NA＝0.51的柯勒落射照明系统，消杂散光好，衬度高。

（3）采用单片CPU实现数字化调光，0～99级数显，有记忆功能。

（4）采用数控四轴三联动，可实现载物台的x、y向电动调节，z向自动调焦以及镜头的电动切换。

（5）使用光电开关对载物台进行位置控制，使远程网络实验成为可能，同时有效防止运动过程中的误操作，保护仪器。使用光电开关对物镜转换器进行初始位置检测，可减少物镜转换器旋转的累积误差。

2）产品结构

JX-4 型自动正置金相显微镜的结构如图 1-48 所示。

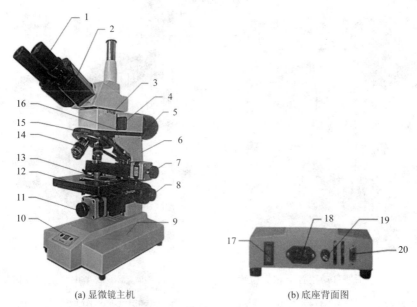

(a) 显微镜主机　　　　　　　　　(b) 底座背面图

1—目镜；2—铰链式三(双)目头；3—三目头紧固螺钉；4—滤色片插板；5—落射照明灯室；6—镜臂；
7—x轴手动调节旋钮；8—手动粗微动调焦手轮；9—底座；10—调光组件；11—y轴手动调节旋钮；
12—载物台；13—样品；14—物镜；15—物镜转换器；16—活动光阑拨杆；17—电源开关；
18—电源线插座；19—保险管；20—串口

图 1-48　JX-4 型自动正置金相显微镜的结构图

3）操作要点

（1）接通电源。

确认市电电压不超过本品额定输入电压 80～240 V 的要求后，将电源线插入市电插座内（见图 1-48(a)），按观察需要，打开相应电源开关。进行金相观察应使用落射光照明，当落射光照明器灯室内的灯泡被点亮后，按"＋"或"－"键调光，此时数字显示调光值。若要"记忆"符合观察要求的调光量值，可同时按下"＋"、"－"按键，重新开机时则自动显示该值。

（2）试样放置。

当需要进行金相观察时，取小块试样（厚度应小于 25 mm），将所需观察面按常规金相观察要求进行处理（磨平、抛光、腐蚀），试样观察面向上，将其放在载物台的载物片上，用机械载物台移动样品，使其观察的区域正好对准物镜的下端。对于大面积半导体集成电路样品，也可按同样方法放置在载物台的载物片上。对于细小颗粒或粉末样品，可取少量直接放在载物片上进行舰察。

（3）手动调焦操作。

当使用低倍物镜观察时，旋转手动粗微动调焦手轮（见图 1-48(a) 中的"8"），使在目镜中观察到试样的物像达到清晰为止；当要用高倍物镜观察时，可转动转换器使该高倍镜置于观察光学系统中，当物镜转换器定位好后，就可看到试样的轮廓像，再用手动粗微动调焦手轮稍微调节一下，就能看到清晰的图像。手动粗微动调焦手轮的松紧可以用轻重调节手轮进行调节，出厂时已调好，操作者若认为松紧不合适，可自行调节。同轴同导轨的粗微动调焦机构中，调节松紧手轮可实现手动粗微动调焦手轮的调节，以防载物台下滑，限位固紧手轮只要在已调整好的高度上旋紧定位，便可防止物镜和试样相撞。

可以通过与 PC 连接后借助软件进行自动调焦。

（4）连接串口线。

将显微镜的串口与 PC 的 COM1 口连接，可以通过 PC 控制进行自动调焦（自动调焦详见软件说明书）。

（5）瞳距调节（见图 1 - 49，对应图 1 - 48（a）中的"2"）。

调节双目头的间距至双眼能观察到左右两视场合成一个视场。

（6）视度调节（见图 1 - 49，对应图 1 - 48（a）中的"1"）。

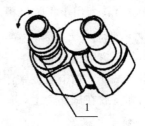

图 1 - 49　铰键式双目头

将试样放于载物台上，使 40× 物镜转入工作位置，先用右眼观察，旋转手动粗微动调焦手轮，使试样像清晰，然后用左眼观察，不转动手动粗微动调焦手轮，转动视度调节圈，使试样像清晰。

（7）落射照明器的调整。

① 孔径光阑的使用（见图 1 - 50，对应图 1 - 48（a）中的"16"）。孔径光阑的主要作用是配合各种不同数值孔径的物镜，一般情况下，孔径光阑的外径和实际通光口径见图 1 - 50 中的"1"和"2"。将"2"调至物镜视场的 70%～80%，同时调节光的亮度，以获得适当对比度的良好图像。从目镜筒上取下目镜后，观察在物镜内光瞳明亮圈上的光阑像，转动孔径光阑调节手柄（即活动光阑拨杆，见图 1 - 48（a）中的"16"）以调节光阑的大小。当使用低倍物镜时，把滤色片换

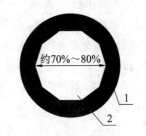

图 1 - 50　可变光阑通光口径

成磨砂玻璃。注意：当物镜的放大倍数大时，孔径光阑是小的。使用各种倍数的物镜时，可适当调节孔径光阑的大小，也可结合调节亮度，以获得满意的衬度。

② 视场光阑。本品在设计时使用简式柯勒照明系统，视场光阑采用固定方式，在装配时预先对中。

③ 滤色片的选用。仪器配有淡蓝、淡黄、淡绿三种颜色的滤色片。淡绿色、淡黄色滤色片可使光源发出人眼最敏感的黄、绿色光，淡黄色滤色片可以提高光源的色温（颜色发白），淡蓝色可提高分辨率。

（8）灯泡更换。

本仪器使用 12 V、30 W 溴钨灯泡，安装在落射光照明器灯室。当需要更换灯泡时，先关闭电源，灯泡冷却后，松开灯室盖的紧固螺钉，取出后盖用新灯泡更换旧灯泡，将灯泡插到底。

更换灯泡时，应用擦镜纸或软布包住灯泡玻璃部分，不要使灯泡的玻璃上留有手印与污渍。

（9）灯泡中心调整。

出厂时应对配在仪器上的灯泡的中心进行调整，以保证照明均匀，用户更换新灯泡时也应对灯泡中心进行调整。

换好落射照明灯泡后试用，如果视场的照明不均匀，则先将落射光照明器的孔径光阑开至最大，取下 10× 物镜，转换器转到定位位置，使取下物镜的转换器孔与载物台上的通孔相对应。在载物台上放一张像纸，松开紧固螺钉，让灯泡上下左右调节移动，直至灯丝成像在载物台孔的中心，同时灯丝像要清晰可见。这时说明灯泡中心已调整好，紧固好后盖，并调节孔径光阑到相应大小，再旋上 10× 物镜，在载物台上放试样，粗/微调调焦使成像清晰，可转入用于正常金相观察。

4）试样、试样盒及胶泥镶嵌试样的使用

生产厂家随机附有用酚醛塑料镶嵌的试样，供用户直接使用。用户自制试样可使用随机附带的试样盒加上胶泥来镶嵌试样，具体操作是：把试样放在平板玻璃片上，再把试样抛光面朝下放在试样盒上，取适量胶泥填充样品，刮平，翻转使样品能固定在样品盒中。

5）维护与保养

（1）仪器必须放置在干燥、阴凉、通风透气的地方，注意避免受潮受热。

（2）经常注意零件的清洁，镜头有灰尘，可用吹风球吹掉；擦拭镜头可用蘸酒精/乙醚混合液的镜头纸或脱脂棉花。

（3）擦拭涂漆表面，可用纱布除去灰尘。若有油渍污垢，可用纱布蘸少许汽油去除，不能用有机溶剂（如酒精、乙醚和其他稀释剂）擦拭涂漆表面和塑料部件。

（4）显微镜是精密光学仪器，各种零部件切勿随意拆卸，以免损害其操作性能和精度。如有故障，应送专业维修部门或生产厂家进行维修。

（5）仪器不使用时，可用有机玻璃或防尘罩子罩住，并存放于干燥且没有霉菌滋生的地方。物镜和目镜最好放在有干燥剂的密闭容器中。

2. 自动显微系统多媒体互动实验教学平台

1）实验教学平台概况

用显微镜进行形态观察是医学、生物、生化、工业等科学领域中各门微观形态学实验课普遍使用的教学模式和手段，也是引导学生观察认识微观世界的重要窗口。学生只有通过观察镜下的显微结构，才能真正地理解和掌握相关理论知识，从而达到提高认识、分析和综合能力的目的。但由于显微镜使用的特殊性和个体性，传统的镜下观察使学生很难得到教师的有效指导。"显微镜互动教学系统"是通过使用新型的教学设备来推行的一种全新的教学理念，这一系统将传统的由教师个别地、手把手地教学生用显微镜进行微观形态观察，变为师生互动、图像共享、高效率的教学模式。

自动金相显微镜与计算机和网络等相互结合，创造了师生相互之间进行互动交流的模式。此种教学模式将现代信息技术手段融进了传统的显微形态教学中，它消除了师生之间和校际间在显微图像上的沟通障碍，使师生之间的交流直观而有效。本教学平台最大的特色是充分整合了桂林电子科技大学与企业产学合作自主研发的自动金相显微镜系列产品，使教师可迅速而有效地对全体或个别学生给予指导或帮助，教师可通过产品的"遥视"功能，直接操作学生的屏幕，对学生不清楚的部分或图像进行讲解，并可以帮助学生，在讲台上"遥控"学生用的自动显微镜进行操作，使原来的被动式教学变为主动式教学方式，真正实现了教学双向交互。

自动显微系统多媒体互动实验教学平台项目于 2010 年 12 月通过鉴定，居国内领先水平。清华、天大、大连理工、华南理工、桂电、广西师大、桂林电子科技大学信息科技学院、中科院理化所等订购并使用了网络版或单机版产品。广东风华高科、肇庆新励达、东莞正可电子、中山甘田电子等企业购置了自动显微系统作为其产品的重要配件。该成果有可观的经济效益和社会效益，获得了 2011 年中国仪器仪表学会科技成果奖（国家认定的省部级奖）。

2）实验教学平台的功能和特点

自动显微系统多媒体互动实验教学平台单机结构如图 1-51 所示。该系统由教师显微图像模块、学生显微图像模块、网络模块三部分组成。

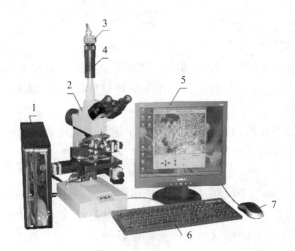

1—PC；

2—自动金相显微镜主机；

3—CCD相机；

4—显微镜图像摄录光学接口；

5—LCD屏；

6—键盘；

7—鼠标

图 1-51　"自动显微系统多媒体互动实验教学平台"单机结构图

（1）教师显微图像模块。

此模块由 1 台 JX-4 型自动正置金相显微镜、CCD 相机、图像采集卡、计算机和数字显微镜自动调焦软件及教师管理软件组成。

① JX-4 型自动正置显微镜。

② CCD 相机。

规格：$1/2''$ CCD。

技术参数：成像尺寸为 6.4 mm（宽）×4.8 mm（高），对角线为 8 mm，像元尺寸为 5 μm×5 μm，共 1280×960≈123 万像素。

用该 CCD 能采集到高分辨率图像。

③ 图像采集卡。

图像采集卡采用陕西维视的 MV-800，采用多层滤波，画面分辨率高，图像采集的实时性强；采样频率更高；性能稳定，性能价格比高，兼容性好。通过图像采集卡进行数/模转换，可把实时动态图像显示到 LCD（或 CRT）上。

④ 自动调焦软件与教师管理软件。

自动调焦软件通过选择图像清晰度评价函数，编程处理找到最清晰图像，从而实现自动调焦。

教师管理软件的功能是：

a. 广播教学：将教师机屏幕图像（包括教师播放的教学视频等）广播给所有学生机。

b. 学生演示：教师可以挑选任意一个学生机的试验结果屏幕图像传播给任意其他学生机。

c. 网络影院：播放 VCD、DVD 以及其他格式音、视频文件。

d. 屏幕录制、同放：教师可以将整个授课过程录制下来，备案留档或重复上课时回放。

e. 教师辅导：这就是"遥控"，教师屏幕可以同屏监视多个学生机（最多可同屏监视 64 屏），并可以直接取得任意学生的电脑控制权，能在教师端"遥控"学生机上的显微系统进行调焦以获取实验图像。

f. 文件传输：教师可以把资料文件传输给学生。

（2）学生显微图像模块。

此模块由 JX-4 型自动正置金相显微镜、CCD 相机、图像采集卡、计算机和显微镜自动调焦软件及学生管理软件组成。除学生管理软件外，其余配置与教师模块相同。

学生管理软件的功能是：

① 学生提问：学生可以对自己不懂的问题进行提问，寻求老师的实时辅导。

② 文件接收：学生可以接收老师传输的文件。

（3）网络模块。

此单元主要由网络交换机、综合网络布线组成。计算机通过局域网进行管理和通信。

构建的互动实验平台最多支持 254 台电脑的互动连接；近程控制教学可以实现跨网段，能组成一个实验室广播、多个实验室接收的大规模局域网教学。

3）实验平台的使用方法

（1）依次启动计算机显示器和主机。

（2）打开 JX-4 型金相显微镜电源开关和控制器开关。

（3）启动显微镜自动调焦软件和教师管理软件，对软件进行操作，即可实现对显微镜进行各种操作。

4）实验教学

打开教师管理软件的屏幕广播，进行教学广播，可以播放视频、文档、网页等一系列教学内容。

5）实验辅导

教师可以查看任意一个学生机的屏幕，并可以对学生机进行操作，从而指导学生进行实验操作。

第 2 章　金相试样的制备和组织显示

本章介绍金相试样的制备和组织显示方法，包括取样、镶嵌、磨平、磨光、抛光、浸蚀等主要工序。

用光学显微镜观察和研究金属内部组织，一般要分三个阶段来进行：① 制备所截取试样的检验面；② 采用适当的浸蚀操作显示检验面的组织；③ 用显微镜观察和研究试样检验面的组织。当试样检验面比较粗糙时，由于对入射光产生漫反射，无法用显微镜观察其内部组织，因此，我们要对试样检验面进行加工，通常是用磨光和抛光的方法，以得到一个光亮的镜面。这个检验面必须能完全代表样品在取样前所具有的状态。也就是说，不能在制样过程中使检验面发生任何组织变化。仅具有光亮的平面的试样，除某些非金属夹杂物、石墨、孔洞、裂纹外，在显微镜下只能看到白亮的一片，无法辨别出各种组成物及其形态特征，这是由于大多数金属组织中不同的入射光具有相近的反射能力。为此，必须用特定的试剂对试样的检验面进行浸蚀，利用各种组成相在浸蚀剂中溶解速度不同的原理，使检验面呈现微小的凹凸不平。只要这些凹凸不平控制在光学系统的景深（物空间的清晰深度）范围内，这时用显微镜就可以看清楚试样组织的形貌、大小和分布。获得具有这种条件的试样检验面，才算是完成了试样的制备阶段。完成了以上两个阶段后，就可以进入显微分析的第三阶段，即显微组织的观察和分析。

2.1　取样原则与方法

2.1.1　取样原则

选择合适的、有代表性的试样是进行金相显微分析的极其重要的第一步，不当取样往往会影响分析结果的准确性，甚至会导致错误的判定。为保证试样的客观性和代表性，取样应遵循如下原则：

（1）技术标准或协议有规定的，应按规定取样。

（2）应在工件或材料具有代表性的部位取样。

（3）经压力加工的材料一般应同时在横向及纵向两个方向取样（横向试样垂直于变形方向，纵向试样平行于变形方向）。横向试样主要检查自边缘至中心各部位金相组织的变化情况，夹杂物的类型、大小、数量及在横断面上的分布情况，晶粒的大小（即晶粒度），经表面处理后的组织及层深，表面缺陷等项目；纵向试样主要检查金属的变形程度（如有无带状组织），夹杂物的类型、大小、数量及变形情况等项目。

（4）整体进行热处理后的工件，其内部组织是比较均匀的，可以截取任一截面的试样。

（5）应该根据失效的原因，分别在材料失效部位和完好部位取样，以便于对比分析。

（6）做材料工艺研究时，视研究的目的在相应的位置取样。

（7）做工艺检验的样品，应包括完整的加工处理和影响区，如热处理应包括完整的硬化层，表面处理应包括全部喷涂和渗镀层，铸造试样包括从表面到中心的各个部位，焊接件应包括焊缝、热影响区和母材。

2.1.2　试样的截取方法

取样时，应该保证不使检验面由于截取而产生组织变化，因此对不同的材料要采用不同的截取方法：对于较软的材料，可以用锯、车、刨等加工方法；对于较硬的材料，可以用砂轮切片机切割、线切割等加工方法；对于硬而脆的材料，如白口铸铁，可以用锤击方法；在大工件上取样，可用氧气切割等方法。

试样截取时应注意如下事项：

（1）防止试样在截取过程中出现过热，以免组织因受热而发生变化。特别是用火焰切割或电弧切割引起局部熔融时，应将熔融部分及附近出现的过热部分完全去除。用砂轮切割或电火花切割时，应采取冷却措施，以避免由于受热而引起试样组织变化。

（2）无论采用何种切割方法，都会在试样的切割面形成不同程度的变形层，这一变形层会对金相组织产生影响，因此在截取试样时应力求将变形层减至最小，并必须在后续工序中将变形层去掉。

（3）截取试样时应注意保护试样的特殊表面，如热处理表面强化层、化学热处理渗层、热喷涂层及镀层、氧化脱碳层、裂纹区等。

（4）金相试样的大小以便于握持、易于磨制为准，通常为 $\phi15\sim\phi25$ mm、高 $15\sim20$ mm 的圆柱体或边长为 $15\sim20$ mm 的立方体。

2.1.3　金相试样砂轮切割机

在金相试样的截取方法中，最常用的是金相试样砂轮切割机截取。它适合于各种软硬材料的切割，具有切割面平整、较光洁、变形层较薄等优点。

图 2-1 是常见的 QG-1 型金相试样砂轮切割机。电动机 1 固定在机座 2 上，轴套 3 套在电动机的轴上，通过螺母 4 将夹片 5 紧紧地夹住砂轮片 6，支架 7 固定在电动机前面，锯架 8 套在支架的横轴 9 上，由手柄 10 操纵可以绕横轴上下转动，钳座 11 紧固在锯架上，转动夹紧螺杆可使钳口 12 前进或后退以夹紧或松开试样，水阀 13 与喷水管 14 均装在流水盘 15 上面，通过水阀来调节冷却液的流量，罩壳 16 用铰链和螺钉固定在机座和支架上，以防止冷却液飞溅和砂轮片破碎飞出伤人。

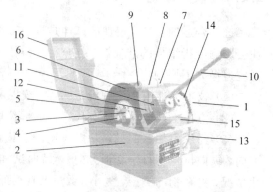

图 2-1　QG-1 型金相试样砂轮切割机结构图

切割机使用 300 mm×2 mm×32 mm、粒度为 80 的棕刚玉（代号为 A80）自耗式砂轮切割片，最大切割截面为 50 mm×50 mm，转速为 2800 r/min。

2.2　试样的镶嵌

一般情况下，如果试样大小合适，则可以直接磨制。但对于尺寸过小的试样、形状不规则的试样、需要检查表面薄层组织及层深测量的试样，则需要进行镶嵌。下面介绍主要的镶嵌方法。

2.2.1　热镶嵌

热镶嵌又分为金属镶嵌和非金属镶嵌。金属镶嵌法是将试样放置在一块光洁平板（如玻璃）上，用一段尺寸合适的钢管、铜管或硬塑料管将试样圈起来，再将低熔点合金熔化后浇注到套管内，冷却后即得到便于磨制的试样，其特点是简单易行。非金属镶嵌主要有热固性和热塑性塑料镶嵌两种，目前应用最普遍的是热固性酚醛塑料镶嵌，在金相试样镶嵌机上完成。镶嵌材料可以是纯的酚醛塑料，也可在酚醛塑料中加入少量木屑粉混合变为电木粉后使用。图 2-2 为常见的 XQ-1 型金相试样镶嵌机，主要包括加压、加热装置和压模三部分。镶嵌时将磨平的试样观察面朝下放在下模上，在模腔中放入适量的塑料粉后，装上模及顶压盖（顶压盖的观察窗口朝前），拧紧顶压螺杆。接通电源，设定加热温度（酚醛塑料的加热温度一般设定为

图 2-2　XQ-1 型金相试样镶嵌机

135℃～170℃），转动加压手轮至压力指示灯亮，镶嵌机即开始加热并自动控温。设定温度与实测温度均为数字显示。加热后由于粉状塑料逐渐软化，造成压力下降，压力指示灯熄灭，此时应及时转动加压手轮增加压力以保持指示灯亮直至镶嵌完成，否则由于压力不足，会导致镶嵌塑料疏松。当达到设定温度并保温约 10 分钟后，即可停止加热。稍加冷却，拧松顶压螺杆释放压力并留出上模及试样的上升空间，转动加压手轮顶出试样，在观察窗口确认试样出模后，再拆卸顶压盖，取出试样，镶嵌工作完成。注意，顶出试样时，只可拧松顶压螺杆以留出上模及试样的上升空间，不可拆卸顶压盖，避免上模及试样突然飞出伤人。图 2-3 是用酚醛塑料镶嵌的螺栓试样，螺牙表面受到良好的保护，可以很好地观察螺牙表面的渗碳、脱碳、裂纹等情况。图 2-4 是低熔点合金镶嵌示意图。

图 2-3　用酚醛塑料镶嵌的螺栓试样

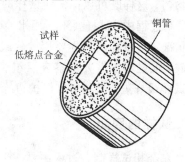

图 2-4　低熔点合金镶嵌示意图

2.2.2　冷镶嵌

对于不能加压(如脆性易碎样品)、不能加热、特薄、特小的试样,可以进行冷镶嵌。常用的冷镶嵌材料是环氧树脂和牙托粉,它们不需要加热加压,无需专用的镶嵌机,只需将配置好的含适量固化剂的环氧树脂(或由适量的牙托水和牙托粉搅拌调制而成的稀胶质状物质)注入已放好试样的模具中,在室温静置一段时间待树脂固化后即可完成镶嵌工作。冷镶嵌所用器材简单、价廉,并能满足各种形状、大小的试样要求。

2.2.3　机械夹持

机械夹持即用夹具夹持试样。热镶嵌需要专用的镶嵌机,冷镶嵌耗时较长,在日常检验工作中,为提高工作效率,常利用预先做好的夹具对异形、较小、较薄的试样进行机械夹持,以方便握持和磨制。机械夹具的形状主要根据试样的形状、大小及夹持保护的要求选定,常用的有平板夹具、环状夹具和专用夹具,如图 2-5 所示。

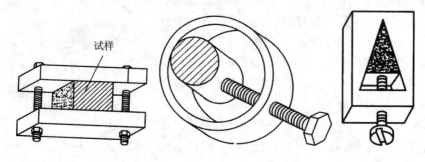

试样

图 2-5　各种常用的试样夹具

2.3　试样的磨平与磨光

2.3.1　试样的磨平

试样取下或镶嵌后,一般先用砂轮磨平。对于较软的材料(如铝、铜等有色金属),可用锉刀锉平。使用砂轮时应利用砂轮的侧面,并使试样沿砂轮径向缓慢往复移动,施加的压力要均匀。这样既可以保证使试样磨平,还可以防止砂轮侧面磨出凹槽,使试样无法磨平。在磨制过程中,试样要不断用水冷却,以防止试样因受热升温而产生组织变化。此外,在一般情况下,试样的周界要用砂轮或锉刀磨成圆角,以免在磨光及抛光时将砂纸和抛光织物划破,但是对于需要观察表层组织(如渗碳层、脱碳层)的试样,则不能将边缘磨圆,这样的试样最好进行镶嵌,以保护边缘,避免产生磨削倒角。

2.3.2　试样的磨光

磨光在金相试样制备过程中是一个重要的环节,它不单纯是要将试样磨光,还具有在磨光过程中去除在截取试样时带来的损伤和变形层的作用。当然,在磨光过程中一方面会去除由于砂轮片切割等引入的严重变形层，同时在磨光过程中也不可避免地会产生新的变形层。因此在磨光过程中，应注意砂纸及磨光器材的选用和操作方法，合理制订磨光工艺，尽量将每一道工序产生的变形层减至最小，以便在下一道工序中除去。最后一道磨光工序产生的变形层深度应非常浅，以保证能在下一道抛光工序中除去。

磨光方法一般有两种，即手工磨光和机械磨光。

1. 手工磨光

手工磨光是金相实验室最常用的方法，通常是将金相砂纸平放在玻璃板上，一只手将砂纸压住，另一只手将试样磨面轻压在砂纸上并向前推进进行磨光。砂纸上的每颗磨粒可以看成是一个具有一定迎角（即倾角＋90°）的单点刨刀。普通的金相砂纸所用的磨料有碳化硅（SiC）和天然刚玉（Al_2O_3）两种。碳化硅砂纸最适合用于金相试样的磨光，其优点是：磨光速率（单位时间内除去的金属重量）较高，变形层较浅，可以用水作润滑剂进行手工湿磨。通常使用粒度为 P240、P320、P400、P600、P800、P1000、P1200 等砂纸依次磨制后，即可进行抛光。

为获得变形层尽可能小的平整光亮磨面，在手工磨光操作时应注意以下几点：

（1）为了保证磨面平整不产生弧度，应单方向向前推动磨制。

（2）施加的压力应均匀适中，压力太小，磨削效率低；压力过大，会产生过深的划痕和大的变形层。

（3）当新的磨痕已全部盖过旧的磨痕时，可更换细一号的砂纸。在砂纸处于最大磨光速率的情况下，每道磨光工序可以在 0.5～1.0 min 内完成。砂粒一经变钝，则磨削作用降低，不宜继续使用。

（4）更换砂纸后，试样应转动 90°，使新磨痕与旧磨痕方向垂直，这样可以使试样磨面保持平衡并平行于原来的磨面，也容易观察旧磨痕逐渐消除的情况，获得逐步磨光的正确信息。

（5）不同粒度的砂纸应分开存放，细砂纸应放在粗砂纸上方。使用砂纸前，最好在砂纸背面用手指弹几下，使砂纸上的灰尘或外来的粗砂粒去除。

（6）对于要求较严格的试样，每更换一道砂纸，均应将试样、玻璃板及操作者的双手清洗干净，防止将较粗砂粒带入下一号砂纸。

2. 机械磨光

为了加快磨制速度，除手工磨制外，还常将不同型号的砂纸粘贴在带有旋转圆盘的预磨机上，实现机械磨光。预磨机一般都带有供水装置，流水不断地流入旋转的磨盘中，圆形砂纸置于磨盘上，在磨盘离心力的作用下将砂纸下的水抛出盘外，砂纸与磨盘间形成负压，大气压力将砂纸紧紧地压在磨盘上。流动的水能及时将磨屑及脱落的磨料冲走，减少脱落磨粒与试样表面的滚压作用，使砂纸上固定磨粒的尖锐棱角始终与试样面接触，保持良好的切削作用，可有效提高磨削效率，减小试样表面变形层。同时，流动的水能起到很好的润滑及冷却作用，可防止试样表面过热引起组织变化。

机械磨光还可以使用金刚石研磨盘。这种研磨盘具有比碳化硅砂纸更强的磨削能力，磨削效率更高，试样表面变形层更小，完全可以用水砂纸代替。金刚石研磨盘价格较贵，但耐用、寿命长。

2.4 试样的抛光

2.4.1 抛光方法

抛光的目的就是要尽快把磨光工序留下的磨痕及变形层除去，获得似镜面的表面，为显示组织做好准备。理想的抛光面应是平滑光亮、无划痕、无浮雕、无塑性变形层，且非金属夹杂物、石墨等不得脱落。常用的抛光方法有机械抛光、化学抛光和电解抛光。

1. 机械抛光

机械抛光是在专用的抛光机上进行的。抛光机主要由电动机和抛光圆盘（$\phi 200 \sim 300$ mm）组成，抛光盘转速为 $200 \sim 600$ r/min。抛光盘上铺有抛光织物，抛光时在抛光织物上滴注或喷撒抛光剂。机械抛光就是靠极细的抛光粉对磨面的机械作用来消除磨痕而使其成为光滑的镜面的。

抛光织物的纤维间隙能储存抛光微粉，对试样表面产生磨削作用，并能储存润滑剂，保持抛光剂的合适润滑度，避免试样表面过热。织物上的纤维或绒毛与试样表面的湿润摩擦，能使试样表面更加平滑光亮。对于不同的抛光对象，要选用不同的抛光织物，如一般的钢试样可选用细帆布、呢绒和丝绸；铸铁试样为防止石墨脱落或曳尾，可选用丝绸、尼龙等没有绒毛的织物；铝、镁、铜等有色金属试样较软，可选用细丝绒织物。

常见的抛光剂通常是由操作者在实验室选用合适的 Al_2O_3、Cr_2O_3、MgO 或金刚石微粉与蒸馏水配置成的悬浮液。对于磨料的选用，一般来说，钢铁材料试样可选用 Al_2O_3、Cr_2O_3 或金刚石微粉，有色金属试样可选用细粒度的 MgO。市场上也有商品化的膏状研磨膏和喷雾抛光剂出售，特别是近年开发出来的金刚石喷雾抛光剂，使用方便，磨削速度快，变形层小，对大多数材料都有良好的抛光效果。

机械抛光的注意事项如下：

（1）在抛光之前，必须清洗试样，避免将油污、磨料等赃物带进抛光盘内。

（2）调整好抛光盘的转速，一般情况下，硬的材料选用较快的转速，软的材料选用较慢的转速。

（3）控制好抛光剂的浓度，浓度过大会造成浪费，且不会提高抛光速度，浓度太低则会明显降低效率。

（4）控制好抛光织物的湿度，湿度太小易使磨面产生过热或黏附抛光剂并降低润滑性，磨面失去光泽，湿度太大会减弱抛光剂的磨削作用。检验抛光织物上湿度是否合适的方法，是观察试样抛光面上水膜蒸发的时间，当试样离开抛光盘后，抛光面上附着的水膜应在 $2 \sim 5$ s 内蒸发完毕。

（5）进行抛光操作时，先将试样轻轻放下与抛光织物接触，再适当增加压力。用力要均匀适当，压力过大会增加变形层深度，压力过小会降低抛光效率。抛光时试样要沿抛光盘的径向作往复运动，同时试样自身略加转动，以使试样各部分抛光程度一致，并避免曳尾现象的出现。抛光后的试样，其磨面应光亮无痕，且石墨或夹杂物等不应抛掉或有曳尾现象。

2. 化学抛光

化学抛光是指利用化学试剂的溶解作用而得到抛光的表面。常用的化学抛光溶液有：

磷酸、铬酸、硫酸、硝酸、氢氟酸和过氧化氢等。将化学抛光液滴在经过磨光的试样表面上，由于试样各组成相的电化学电位不同，化学腐蚀作用使表面发生选择性溶解，经过数秒至几分钟，就可得到平整光滑的抛光表面。

由于化学抛光时兼有化学浸蚀作用，因此多数情况下能同时显示组织，抛光结束后将试样用水清洗干净，然后用酒精冲去残留水滴，再用吹风机吹干即可观察组织，不需再做浸蚀显示。

3. 电解抛光

电解抛光是将试样放在电解液中作为阳极，用不锈钢板或铝板作阴极，接通直流电源，在一定的电流作用下，试样表面凸起部分被选择性溶解而达到抛光的目的。电解抛光的优点是：速度快，表面光洁，只产生纯化学的溶解作用而无机械力的影响，因此抛光过程中不会发生塑性变形。但电解抛光过程不易控制，对金属材料化学成分的不均匀性及显微偏析特别敏感。所以，对具有偏析的金属材料难于进行良好的电解抛光，甚至不能进行电解抛光。

2.4.2　MP-1型双速磨抛机的结构与使用

MP-1型双速磨抛机是常见的磨抛设备，通过磨盘和抛光盘的更换，可以方便地进行试样的磨光和抛光操作。通过使用PD-1型试样推移器，可以对镶嵌后的试样进行自动磨抛，使用十分方便。下面对其结构和使用作简要的介绍。

1. 结构概述

MP-1型双速磨抛机使用双速电动机作为动力源，通过三角皮带将动力传递到装有转盘的主轴上，带动转盘转动。磨盘或抛光盘上有三个定位孔和导向槽，安装时只需先将转盘上的三个定位销插入磨盘或抛光盘的导向槽内，然后转动磨盘或抛光盘，定位孔即能方便地与定位销相配合将磨盘或抛光盘安装在转盘上。电源转换开关安装在面板上，只需转动开关，就能实现两种转速之间的转换，操作极为方便。给水阀装置、进出水管用于试样的湿磨。PD-1型试样推移器安装在磨盘的上方，不用时向上翻起，使用时平放即可。磨抛机的结构如图2-6所示。

图 2-6　MP-1型双速磨抛机

2. 安装与使用

1）安装步骤

（1）将磨抛机放置在平整的工作台上，取下包装塑料罩。

（2）检查机器各部分零件是否齐全，并做好清洁工作。

（3）接通进水管及排水管，注意排水处应该低于排水口高度。

（4）将插头插入电源插座。插入前应检查电源电压是否相符，磨抛机的接地是否安全可靠。

（5）打开开关，检查磨盘的旋转方向。磨盘应按逆时针方向旋转，如转向不符，应及时调整电源相位。

2）使用方法

（1）取下塑料罩，换上所需的磨盘或抛光盘，清洁后再装上塑料罩，旋转开关到所需转速位置，即可进行磨抛工作。

（2）磨光：先装上磨盘，将水砂纸放入盘中，打开给水阀使清水不断地流入旋转的磨盘中，在离心力的作用下，砂纸下的水被抛出盘外，砂纸与磨盘间形成负压，大气压力将砂纸紧紧地压在磨盘上。流动的水能及时将磨屑及脱落的磨料冲走，减少脱落磨粒与试样表面的滚压作用。水量不宜太大，只需连续不断地流入即可。

（3）抛光：装上抛光盘，在抛光盘上抹上少量机油后再将抛光织物平整地粘贴在盘面上，用水将抛光织物湿润，然后在抛光织物上滴上适量的抛光液或喷上适量的抛光剂即可进行抛光工作。为保证使用安全，一般选用呢绒类织物时采用粘贴法，而选用较薄的材料作抛光织物时，则需使用随机附件套圈将织物紧扣在盘面上。

（4）使用完毕，应先关闭给水阀后停机，以免水溢入轴承座内损坏轴承，影响设备的正常使用。

（5）使用 PD-1 型试样推移器进行自动磨抛：先将 3 件镶嵌好的试样放入保持器孔内，加上所需的配重砝码加压。试样必须能自由转动，必要时可加少量润滑油，不得有卡死现象。准备工作就绪后启动磨盘或抛光盘，再按下试样推移器按钮即可进行自动磨抛。试样推移器配置有滴液装置，磨光时可在滴液瓶内装入煤油或其他润滑液，抛光时可在滴液瓶内装入抛光液，滴量的大小可根据需要进行调节。当不使用试样推移器时，拔去推移器的定位销，再将推移器向上翻置即可。

2.5　试样的浸蚀

金相光学显微镜是利用试样磨面的反射光成像的。某些组成相，如铸铁中的石墨、钢中的非金属夹杂物等，它们本身就有独特的反射能力，因此可以利用抛光磨面直接进行金相研究。除此之外，金属大多数组成相在抛光后对光线均有强的反射能力，若直接放在显微镜下观察，只能看到一片亮光，无法辨别出各种组成相及其形态特征。所以，需要根据各组成相及其边界具有不同的物理、化学性质的特点，利用物理或化学的方法对抛光面进行处理，使各组成相、其边界的反射光强度或色彩有所区别，呈现出良好的衬度，才能在光学显微镜下进行观察和分析。

化学浸蚀方法是显示金相组织最常用的方法。其操作方法是：将已抛光好的试样用水清洗干净，然后将试样磨面浸入浸蚀剂中或将浸蚀剂滴在试样磨面上，抛光的磨面即逐渐失去光泽；待试样浸蚀合适后马上用水清洗干净，然后用酒精冲去残留水渍，再用吹风机吹干试样磨面，即可放在显微镜上进行观察分析。试样浸蚀的深浅程度根据试样的材料、组织和显微分析的目的来决定，同时还与观察时显微镜的放大倍率有关，即放大倍率高应浸蚀得浅一些，放大倍率低则可浸蚀得深一些。浸蚀时间以在显微镜下能清晰地揭示出组织的细节为准。若浸蚀不足，可重复进行浸蚀；但一旦浸蚀过度，则试样需重新抛光。

化学浸蚀实际上是一个电化学反应过程。金属与合金中的晶粒与晶粒之间、晶内与晶界之间以及各相之间的物理化学性质不同，且具有不同的自由能，当受到浸蚀时，就会发生电化学反应，此时的浸蚀剂就是电解质溶液。各相在电解质溶液中具有不同的电极电位，会形成许多微电池，电极电位较低部分是微电池的阳极，溶解较快，溶解后呈现出凹陷或沟槽。在显微镜下观察金相组织时，光线在凹陷或沟槽处被散射，不能全部进入物镜，因而显示为较深的颜色。下面介绍几种常见金相组织的化学浸蚀效果。

对于纯金属及单相合金，由于晶界原子排列不规则，因此缺陷及杂质较多，且有较高的能量，受化学浸蚀时，晶界易被浸蚀而呈凹槽状。在显微镜下观察时，光线在晶界处被漫反射而不能进入物镜，因此显示出一条条黑色的晶界。图 2-7 是纯铁经 4% 的硝酸酒精溶液浸蚀后呈现出来的单相铁素体组织，黑色线条为被溶解后凹陷成的晶界。

对于多相合金，各个相的电极电位不同，电极电位较低的相成为阳极并被浸蚀凹陷下去，当光线照射到凹凸不平的试样表面时，就能看到不同的组成相。例如，珠光体组织是由渗碳体片和铁素体片相间排列形成的机械混合物。渗碳体的电极电位为 $+0.37$ V，铁素体的电极电位为 -0.5 V，受化学浸蚀时，电极电位较低的铁素体作为阳极被均匀地溶去一薄层。在显微镜下观察时，因放大倍率的不同会呈现以下 3 种情形：① 在高倍显微镜下观察，渗碳体片和铁素体片均是白色的，因渗碳体片高于铁素体片，故在直射光照明下会呈现出黑色的相界；② 如放大倍率较低，物镜的分辨能力小于渗碳体片的厚度，则渗碳体片两侧的黑色相界线融合在一起，此时在显微镜下观察到的渗碳体片呈现黑色，铁素体片呈现白色；③ 在放大倍率更低的情况下，物镜的分辨能力小于珠光体片层间距，则在显微镜下本来片层状的珠光体呈现黑色块状。图 2-8 是共析钢经正火处理后获得的片状珠光体组织(试样经 4% 的硝酸酒精溶液浸蚀)，在 500× 的放大倍率下，渗碳体片呈现黑色，铁素体片呈现白色。

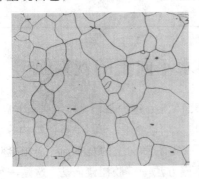

图 2-7　纯铁单相铁素体组织

图 2-8　共析钢的珠光体组织

无论单相或多相合金，浸蚀的程度除了与电极电位、化学成分、因相的差异而形成的微电池作用有关外，还与金属变形过程中的变形差异、在氧化反应时形成的氧化膜厚薄差异、浸蚀剂在试样上的微小浓度和反应速度差异等因素有关。由于受浸蚀程度不一致，因此在垂直光线照射下，各个晶粒呈现出明暗不一的颜色特征。

浸蚀剂种类繁多，有酸性、碱性、盐类浸蚀剂。选用时应根据材料类别、检验目的及操作者的经验，以清晰地显示出组织为主要目的。此外，还应考虑安全无毒、挥发性小、易于保存、价格低廉等因素。表 2-1 所列是一些常用的浸蚀剂。

表 2-1 常用金相浸蚀剂

浸蚀剂成分	适用范围及特点
硝酸 1～10 mL，酒精 100 mL	适用于碳钢、合金钢、铸铁。浸蚀后珠光体变黑，增加珠光体区域的衬度。能显示硅钢片晶粒和低碳钢中铁素体晶界。常用 4% 硝酸酒精溶液，5%～10% 适用于高合金钢
苦味酸 4 g，酒精 100 mL	适用于含铁素体和碳化物的组织。不显示铁素体晶界，能区别珠光体和贝氏体。加入 0.5%～1% 氯化苄基（或二甲基、烷基铵），可提高腐蚀率和均匀性
盐酸 5 mL，苦味酸 1 g，酒精 100 mL	适用于显示回火后的奥氏体晶界，显示回火马氏体
苦味酸 0.5 g，蒸馏水 100 mL	适用于显示淬火马氏体与铁素体。加热至 71℃～77℃，擦拭 15～20 秒钟
饱和苦味酸水溶液	显示原始奥氏体晶界及其组织析出物
氯化铜 10 g，盐酸 100 mL，水 50 mL	适用于普通灰铸铁共晶团显示
氯化铜 3 g，三氯化铁 1.5 g，盐酸 2 mL，硝酸 2 mL，酒精 100 mL	适用于球墨铸铁共晶团显示
盐酸 1 份，硝酸 1 份，水 1 份	适用于大多数不锈钢的通用浸蚀剂，能显示晶粒组织。20℃下浸蚀，浸蚀时需搅动
硝酸 25 mL，水 75 mL	辨别工业纯铝、防锈铝、锻铝、硬铝及超硬铝合金中的相
硝酸高铁 2 g，酒精 50 mL	适用于铜及铜合金。适用范围宽，作用柔和，去除细小划痕能力强。组织清晰，但有时候易出现浮雕。用部分水代替酒精可使单相合金晶粒染色倾向增大

2.6 使用胶泥镶嵌法获得水平向上的观察面

正置金相显微镜的光路布置为物镜朝下，试样磨面朝上。这种金相显微镜具有光路较短、结构紧凑、造价较低、使用方便等特点，非常适合于广大厂矿企业、学校、科研机构等部门进行金相组织检验。对于一些形状不规则的样品，为了获得水平向上的观察面，金相检验工作者在长期的工作实践中摸索出一种简单有效的试样镶嵌方法——胶泥镶嵌法。这是一种临时性的简易镶嵌方法，很适合学生在金工实习中使用。胶泥镶嵌的操作步骤如下：

（1）准备一段尺寸合适的钢管、铜管或硬塑料管，一块玻璃平板，胶泥若干。

（2）将制备好的试样观察面朝下放在玻璃平板上，并用预先准备好的管子将试样圈起来，如图 2-9(a)所示。

（3）往管子里加胶泥并用力压实，用刮板将高出管子上端的胶泥刮平，如图 2-9(b)所示。

（4）将试样翻转，观察面朝上，移去玻璃平板，镶样工作即告完成，如图 2-9(c)所示。将镶好的试样放在显微镜的载物台上，即可进行观察分析。

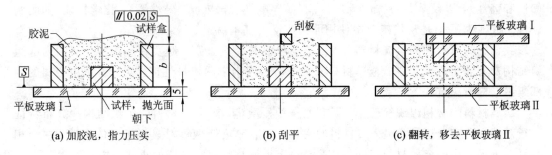

(a) 加胶泥，指力压实　　　　(b) 刮平　　　　(c) 翻转，移去平板玻璃Ⅱ

图 2-9　胶泥镶嵌试样操作示意图

第 3 章 常用金属材料的金相组织

金属材料,特别是钢铁材料,由于具有良好的机械性能(如足够的强度和硬度、良好的塑性和韧性),以及某些特殊的物理性能(如导电性、导热性、磁性等)、化学性能(如耐腐蚀性、耐热性等),是现代工业中使用非常广泛的基本材料。

我们平时所看到的金属材料,表面上似乎没有什么区别,但实际上各种金属的内部组织结构却有着很大的差别。金属材料宏观上所表现出来的机械性能,实际上是由金属的内部组织结构所决定的。

金属材料的金相组织检验,主要利用金相显微镜,对金属材料的组织结构和分布特征进行观察和研究分析,了解金属材料的冶炼、锻造和热处理等对显微组织的影响。在金相显微镜下观察到的金属材料显微组织,是决定金属材料机械性能的重要的内在因素。

采用金相检验方法研究金属的内部组织结构,对于改进金属材料的生产处理工艺,提高金属材料的综合性能,具有相当重要的意义。

3.1 钢铁材料中常见组织及其形态

纯金属虽然具有较高的导电、导热等性能,但是它们的机械性能一般较低,而且价格较高,因此在工业上的应用较少,实际上大量使用的是性能更为优异的合金。钢铁材料就是铁元素与碳、硅、锰等其他元素组成的合金。在金相显微镜下观察到的钢铁材料显微组织是由各种相组成的。所谓"相",是金属学中的一个概念,是指合金中具有同一化学成分、同一聚集状态并以界面互相分开的各个均匀的组成部分。根据构成钢铁合金的各元素之间相互作用的不同,合金中的相结构大致可分为固溶体和化合物两大基本类型。钢铁材料中常见的相有以下几种。

1. 铁素体(F)

铁素体是碳溶于 $\alpha-Fe$ 中形成的固溶体。在 727℃ 时,碳在 $\alpha-Fe$ 中的最大溶解量可达 0.0218%,室温时约为 0.0057%,近似于纯铁。所以,纯铁在室温下可以获得全铁素体组织。在退火状态下,试样经 3% 硝酸酒精溶液浸蚀后显示,铁素体晶粒均匀分布,晶界被腐蚀为黑色细条线。

铁素体具有体心立方晶格结构。在普通的钢铁材料中,铁素体不仅溶有碳,而且溶有硅、锰、磷等其他元素。铁素体的性能与溶入合金元素的量有关,也与其本身晶粒的大小有关,但总的来说,其硬度、强度很低,而塑性、韧性很好。

2. 渗碳体(Fe_3C)

渗碳体是碳与铁形成的化合物。在渗碳体中,碳含量达到 6.69%。在钢中,当碳含量超过其在 $\alpha-Fe$ 中的最大溶解量后,多余的碳就可以与铁反应生成 Fe_3C 化合物。渗碳体是不稳定的相，当其在高温停置以及在缓慢加热的过程中就可能发生分解而析出石墨。

　　渗碳体具有复杂的晶格结构，一般呈游离态或存在于钢的共析体中。渗碳体具有很高的硬度，但塑性极低，其尺寸大小及在钢中的分布形态对钢的性能影响极大。图 3-1 中白色块状物是合金灰铸铁中的渗碳体。

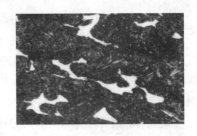

图 3-1　合金灰铸铁中的渗碳体（白色）

3. 珠光体（P）

　　珠光体是铁素体与渗碳体组成的机械混合物，其常见形态为片状珠光体和粒状珠光体。片状珠光体由一层铁素体与一层渗碳体层层紧密堆叠而成，一对铁素体和渗碳体片的总厚度称作珠光体层间距离。珠光体层间距离较大，在光学显微镜下能够明显看出铁素体与渗碳体是呈层状分布的，一般称为普通片状珠光体；珠光体层间距离较小，在光学显微镜下很难辨别出铁素体与渗碳体的层状特征的，称为索氏体；珠光体层间距离小，在光学显微镜下根本无法辨别出其层状特征的，则称为屈氏体。如果是在铁素体基体上分布着粒状的渗碳体，则称为粒状珠光体，也称为球状珠光体。

　　珠光体的含碳量为 0.77%，除碳元素外还含有其他合金元素。其机械性能与珠光体的层间距离、珠光体球的直径等因素密切相关。一般情况下，珠光体的层间距离和珠光体球的直径越小，珠光体的强度和硬度就越高，塑性和韧性也越好。所以，获得细小的珠光体是提高钢铁性能的有效途径。

4. 奥氏体（A）

　　奥氏体是碳溶于 γ-Fe 中形成的固溶体。合金钢中的奥氏体是碳及合金元素溶于 γ-Fe 中形成的固溶体。奥氏体具有面心立方晶体结构。在碳素钢中，奥氏体只能在 A_1 点（727℃）以上稳定存在，在常温下是不稳定的。若钢中加入较多的镍、锰等形成奥氏体的元素，则在常温下也能获得奥氏体组织。例如，日常使用的 1Cr18Ni9 不锈钢，在常温下就是单一的奥氏体组织。在钢的各种组织中，只有奥氏体是顺磁性的，其比容最小，线膨胀系数最大。除渗碳体外，奥氏体的导热性最差。奥氏体的塑性高，屈服强度低，容易塑性变形加工成型，所以钢的锻造、轧制等热加工常常要求在奥氏体稳定存在的高温区域进行。

5. 马氏体

　　马氏体是碳溶于 α-Fe 中形成的过饱和固溶体。对于一般的钢铁材料而言，马氏体是淬火处理后获得的组织，所有溶解在原来奥氏体中的碳原子在淬火处理快速冷却的条件下来不及析出而被迫"固定"下来，形成了过饱和的固溶体。

　　钢的化学成分不同，经淬火后获得的马氏体组织形态与性能均有很大的差异。低碳钢的淬火组织为板条状马氏体，其强度和韧性都很好；高碳钢的淬火组织为片状马氏体，这种组织硬度很高，但塑性、韧性极低。所以，一般情况下淬火获得的马氏体组织必须经回火改善其塑性、韧性后方可使用。

6. 贝氏体

　　钢中的贝氏体是过冷奥氏体在中温区域分解后所得的产物，一般是由铁素体和碳化物所组成的非层片状组织。在较高的温度形成的高温贝氏体，称为上贝氏体，成束的、大致平行的铁素体板条自奥氏体晶界的一侧或两侧向奥氏体晶粒内部长大，渗碳体分布于铁素体板条之间，整体呈现羽毛状。在较低的温度形成的低温贝氏体，称为下贝氏体，也是由铁素体和渗碳体组成的两相组织，铁素体呈针状以一定的角度相交，碳化物呈细片状或颗粒状分布在铁素体的内部。

上贝氏体和下贝氏体相比，不但强度低，更主要的是韧性差，所以一般不希望获得上贝氏体而希望获得下贝氏体。下贝氏体既有高的强度和硬度，同时具有较高的塑性和韧性。

7. 石墨

在含碳量较高(2.11％以上)的铸铁中，碳除了以固溶态、化合态等形态存在外，还能以石墨的形态存在。在铸铁中，石墨有许多种分布形式。例如，工业上常用的灰铸铁中，石墨呈片状分布；球墨铸铁中，石墨呈球状分布。

3.2　常用钢铁材料金相组织

3.2.1　钢中非金属夹杂物

钢中的非金属夹杂物主要是指钢中的铁及其他元素与氧、硫、氮等形成的氧化物、硫化物、硅酸盐等。非金属夹杂物在钢中的数量虽然不多，但它们的存在将降低钢的机械性能、工艺性能和抗腐蚀性能。铜中非金属夹杂物对钢材性能的影响程度，与夹杂物的大小、数量、形状和分布有关。钢中若有较多粗大的夹杂物存在，将破坏钢材基体的连续性，使钢材性能明显变差，特别是在承受动载荷时，容易造成应力集中，成为疲劳断裂源的核心。夹杂物若沿晶界连续分布，将使钢材的韧性明显降低。作为冷冲压用的钢材，如果夹杂物较多，则容易在夹杂物处开裂，并使冷冲压模具磨损。下面介绍氧化物、硫化物、硅酸盐等三种夹杂物在显微镜下的形态特征。

1. 氧化物

简单的氧化物为 FeO、SiO_2、Al_2O_3、MnO、Cr_2O_3 等，但在生产实际中氧化物主要以复合氧化物和硅酸盐的形式存在。多数氧化物夹杂的性质很脆，没有塑性，故也称脆性夹杂物。在钢基体发生塑性变形时，夹杂物很容易脆裂而引起形状的变化。在显微镜下观察，不同的氧化物具有不同的形状和颜色，如 FeO 呈球状，灰色，SiO_2 呈球状，深灰色。图 3-2 所示为灰色球状 FeO 夹杂，大小不一。由于是球状夹杂，对钢基体割裂作用不明显，故对材料性能的影响就较小。

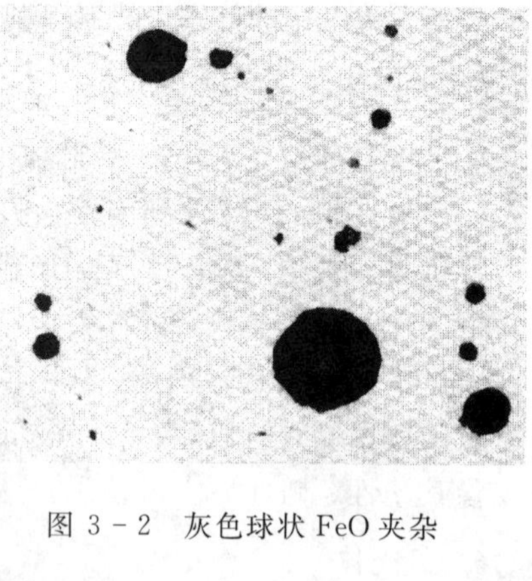

图 3-2　灰色球状 FeO 夹杂

2. 硫化物

常见的硫化物有硫化铁(FeS)、硫化锰(MnS)及铁锰硫化物($FeS \cdot MnS$)。硫化铁的熔点较低，能与铁在 985℃ 形成共晶体，在钢中将分布于晶界处，这会降低钢在冷态下的强度和塑性。当钢加热时，共晶体在 985℃ 发生熔化，使钢在这个温度进行锻造、冲压、轧制及其他热加工变形时产生破裂，这就是钢的"热脆"。所以，钢中一般不允许有硫化铁存在。为此，在钢中加入一定的锰，使硫优先与锰形成硫化锰，避免硫化铁的生成，改善钢的热脆性。在热加工的温度下，硫化锰具有足够的塑性，能沿轧制或锻压的方向伸长，所以经过轧制或锻压的钢，硫化锰一般呈条状，灰色或灰带蓝色。图 3 - 3 为轧制的 16Mn 钢板中的夹杂物，灰色长条状为 MnS，点状断续分布的为氧化物夹杂。由于夹杂物呈条状分布，割裂了基体的连续性，故材料的强度及塑性、韧性均有所降低。

图 3 - 3　16Mn 钢板中的夹杂物

3. 硅酸盐

　　常见的硅酸盐夹杂物有铁硅酸盐、锰硅酸盐、铝硅酸盐、钙硅酸盐和铁锰硅酸盐等。除了锰硅酸盐和铁锰硅酸盐夹杂易变形外，其他硅酸盐夹杂不变形或在变形时破碎。在显微镜下硅酸盐夹杂物呈灰色或暗灰色，在偏振光下呈现特有的暗黑十字和暗黑的同心圆。图 3 - 4 为玻璃质硅酸盐夹杂物（$2FeO \cdot SiO_2$），呈破碎球状，一半仍保持完整的球面，暗灰色。图 3 - 5 与图 3 - 4 为同一视场，在正交偏振光下呈各向异性，透明玻璃质形貌十分明显。硅酸盐所具有的独特的光学性质，给鉴别工作带来了方便，可利用暗场观察和偏振光观察其光学特征，将其与硫化物、氧化物区别开来。

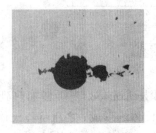

图 3 - 4　硅酸盐夹杂物

图 3 - 5　硅酸盐夹杂物透明玻璃质形貌

　　钢中的非金属夹杂物的评级可按 GB/T 10561－2005《钢中的非金属夹杂物含量的测定标准评级图显微检验法》的规定进行评定。该标准将非金属夹杂物划分为 A 类（硫化物类）、B 类（氧化铝类）、C 类（硅酸盐类）、D 类（球状氧化物类）和 DS 类（单颗粒球状类）。评级的目的是判断钢材质量的高低是否合格，但大多不计较其组成成分和性能，以及它们可能的来源等，只是注意它们的数量、形状、大小及分布情况。由于各种夹杂物本身就有独特的光反射能力，所以一般情况下不需浸蚀，在抛光的状态下，在 100× 的放大倍率下检验即可。

3.2.2　碳素钢在不同热处理条件下的典型组织

　　碳素钢指含碳量小于 2.11% 的铁碳合金。碳素钢由于冶炼相对容易，不消耗贵重的合金元素，性能能满足一般工程结构、日常生活用品和普通机械零件的要求，所以是各类钢种中用量最大的一种。碳是碳钢中重要的元素。碳钢中除碳元素外，还含有一定数量的硅、锰元素，以及统称为杂质的硫、磷、铜、砷等元素。

通过对钢件进行加热、保温、冷却，钢件内部组织会按照其固有的规律发生一系列固态相变，从而改变钢件的性能。$Fe-Fe_3C$ 平衡状态图就反映了钢件在缓慢加热和冷却时的相变规律。图 3-6 是 $Fe-Fe_3C$ 平衡状态图。

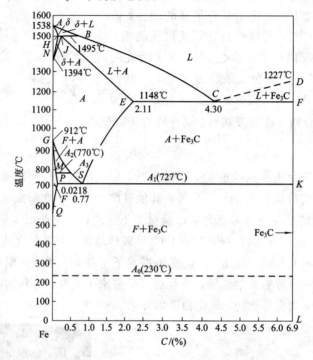

图 3-6 $Fe-Fe_3C$ 平衡状态图

从图 3-6 中可以看出：

（1）对于共析钢（C％＝0.77％），其室温组织通常是珠光体。当缓慢加热到温度超过 A_1（727℃）时，珠光体转变为奥氏体，这一过程叫作奥氏体的形成；之后从奥氏体状态缓慢冷却，当温度低于 A_1 后，奥氏体即转变为珠光体，这个过程叫作奥氏体的共析分解。

（2）对于亚共析钢（C％＜0.77％），其室温组织通常是珠光体＋铁素体。当缓慢加热到稍高于 A_1 时，其中的珠光体首先转变为奥氏体，其余的铁素体随着加热温度的升高而不断向奥氏体转变，直至加热温度超过 A_3 后，铁素体才完全消失，钢处于完全奥氏体状态。如果奥氏体缓慢冷却下来，低于 A_3 后铁素体首先从奥氏体中析出，随着含碳量极低的铁素体不断析出，奥氏体的含碳量会不断增加，当温度降到 A_1 时，奥氏体的含碳量达到共析钢的含碳量，便发生奥氏体的共析分解，形成珠光体。因此，室温下钢的组织为珠光体＋先共析铁素体。

（3）对于过共析钢（C％＞0.77％），其室温组织通常是珠光体＋二次渗碳体。当缓慢加热到稍高于 A_1 时，其中的珠光体首先转变为奥氏体，随后继续升温，渗碳体将逐渐溶解，当加热温度超过 A_{cm} 时，渗碳体完全溶解形成单一的奥氏体。如果奥氏体缓慢冷却下来，低于 A_{cm} 后渗碳体首先从奥氏体中析出，随着含碳量6.69％的渗碳体不断析出，奥氏体的含碳量会不断降低，当温度降到 A_1 时，奥氏体的含碳量达到共析钢的含碳量，便发生奥氏体的共析分解，形成珠光体。因此，室温下钢的组织为珠光体＋二次渗碳体。

　　Fe－Fe₃C 平衡状态图是热力学上达到平衡状态的相图。在实际的加热和冷却条件下，相变是在不平衡的条件下完成的，其相变点与相图有一些差异。加热时相变温度偏向高温，冷却时偏向低温，这种现象称为"滞后"。随着加热和冷却速度的增加，偏离相图的临界点越远。图 3－7 体现了加热和冷却速度较快时对临界温度 A_1、A_3、A_{cm} 的影响。为便于区别起见，用 A_c 和 A_r 分别表示实际加热和冷却时的临界温度，并用下标 1、3 等数字标出，例如 A_{c1}、A_{r1}、A_{c3}、A_{r3}、A_{ccm} 和 A_{rcm} 等。

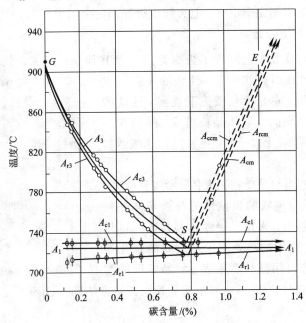

图 3－7　实际加热冷却条件对临界点的影响

　　热处理工艺就是利用钢件在加热和冷却过程中会发生有规律相变的特点，通过有目的地控制加热温度、保温时间、冷却速度等参数，使金属内部组织发生所需要的某种变化，以满足零件所要求的使用性能。常用的热处理工艺有退火、正火、淬火、回火、表面热处理和化学热处理等。下面介绍碳素钢在各种热处理工艺下获得的典型组织。

1. 碳素钢的退火和正火组织

　　将金属及其合金加热、保温和冷却，使其组织结构达到或接近平衡状态的热处理工艺称为退火或正火。退火一般是在炉内缓冷，正火一般是空冷。退火或正火主要应用于各类铸、锻、焊工件的毛坯或半成品，消除冶金及热加工过程中产生的缺陷，并为以后的机械加工及热处理做好准备。所以，通常把退火及正火作为预备热处理。

　　常用的退火处理工艺有低温退火、再结晶退火、扩散退火、完全退火、等温退火、球化退火等。低温退火的加热温度小于 A_1，主要用于消除铸、锻、焊及切削加工过程中产生的内应力，使其达到稳定状态。再结晶退火的加热温度在再结晶温度区，主要作用是使经过冷加工后变形的晶粒发生再结晶变为细小的等轴晶粒，消除冷作硬化效应及内应力，恢复冷加工变形前的性能。扩散退火的加热温度大于 A_{c3}、A_{ccm}，主要作用是改善钢材显微组织的偏析，使化学成分均匀化。完全退火能细化晶粒，降低硬度，提高塑性，去除内应力，主要适用于亚共析钢和共析钢的铸锻件。球化退火的工艺较多，常用的有长时间加热球化退火、缓慢冷却球化退火、等温球化退火、循环加热球化退火等，其作用都是使碳化物球化，降低硬度，改善共析钢和过共析钢的切削加工性，所以主要适用于共析钢和过共析钢的锻轧件。

正火处理能消除过共析钢的网状碳化物，能显著改善低碳钢的切削加工性，能使所有钢铁材料铸锻件的过热粗大晶粒细化和消除内应力。同时，由于正火后组织更细，所以比退火状态具有更好的综合机械性能，也可作为某些中碳钢零件的最后热处理工艺。与退火处理相比，正火处理由于采用空冷，占用设备的时间短，所以工艺过程更简单，生产效率更高。

下面重点介绍碳素钢完全退火、退火和正火处理的金相组织。

1）纯铁的完全退火组织

工业上所指的纯铁其实也溶入了极少量的碳及其他杂质元素。纯铁的退火温度可在900℃～920℃之间。在退火状态下，纯铁的显微组织是单一的铁素体组织。在光学显微镜下观察，纯铁的显微组织由一个个白亮的铁素体晶粒组成，晶粒与晶粒之间的交界称为晶界。图3-8是纯铁经苦味酸酒精溶液浸蚀后的退火组织。

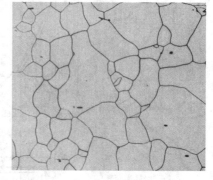

由于纯铁的金相组织是单相铁素体，所以其强度、硬度较低，塑性较高。纯铁的机械性能与铁素体晶粒的粗细有关：晶粒越细，强度、硬度越高，塑性也越好。因此，晶粒细化是钢的热处理中最重要的强化途径之一。晶粒的粗细可用晶粒度来表示，晶粒度的测

图3-8　纯铁的退火组织

定方法可按 GB/T 6394—2002《金属平均晶粒度测定方法》的规定进行。晶粒度的级别数越大，表示晶粒越细小。

2）亚共析钢的完全退火组织

含碳量在 0.0218%～0.77% 之间的铁碳合金称为亚共析钢。亚共析钢的退火温度为 $A_{c3}+(20\sim30)$℃，均匀化后的奥氏体在冷却到 A_3 附近，沿奥氏体晶界析出铁素体，冷却到 A_1 附近，则发生共析转变得到珠光体组织。所以，亚共析钢的退火组织为先共析铁素体＋珠光体。由于铁素体的强度、硬度低，塑性高，而珠光体的强度、硬度高，塑性低，故随着钢材含碳量的增加，珠光体所占的比例不断增加，钢材的强度、硬度也随之不断增加，而塑性则有所下降。

图3-9 为 45 钢经 4% 硝酸酒精溶液浸蚀后的退火组织。在光学显微镜下观察，呈白亮色块状的是先共析铁素体，呈暗黑色的是细片状珠光体。粗片状珠光体层间距离较大，其片层结构清晰可见。

图3-9　45钢退火组织

由于铁素体和珠光体的密度相近，因此若忽略铁素体中所含的微量碳，根据先共析铁素体和珠光体的相对面积，就可以估算出该钢的含碳量。

例如，当珠光体的面积占 60% 时，钢的含碳量为 0.77%×60%≈0.46%。但须注意，

如果亚共析钢从奥氏体相区以较快的速度冷却，则因共析转变时过冷度增大，形成的珠光体含碳量会偏低，从而使显微组织中珠光体的面积相对增加，这时若仍用上述方法估算钢的含碳量，所得结果会偏高。

3) 共析钢的完全退火组织

含碳量为 0.77% 的铁碳合金称为共析钢，其退火温度可在 770℃~800℃ 之间，均匀化

后的奥氏体在冷却到 A_1 附近，发生共析转变得到珠光体组织。所以，共析钢的退火组织为单一珠光体。图 3-10 为 T8 钢退火后获得的层片状珠光体组织（试样经 4% 硝酸酒精溶液浸蚀）。

由于共析钢的退火组织完全是珠光体，所以其强度、硬度均比亚共析钢高，塑性则比共析钢差。

图 3-10　T8 钢退火组织

4) 过共析钢的退火组织

含碳量在 0.77% 至 2.11% 之间的铁碳合金称为过共析钢。过共析钢由于含碳量较高，因此如果采用完全退火工艺，均匀化后的奥氏体在冷却到 A_{cm} 附近，沿奥氏体晶界析出渗碳体，冷却到 A_1 附近，发生共析转变得到珠光体组织。最终获得的组织是先共析渗碳体＋珠光体，先共析渗碳体沿奥氏体晶界析出，呈网状分布在随后发生共析转变形成的珠光体周围。这种组织的硬度高，塑性、韧性较差，不利于零件的后续冷、热加工，所以过共析钢一般不采用完全退火工艺。图 3-11 是 T10 钢经 4% 硝酸酒精溶液浸蚀后的完全退火组织，白色网状碳化物包围着珠光体，碳化物网的大小也反映了原奥氏体晶粒的大小。

为进一步改善钢的性能，过共析钢的退火一般采用球化退火工艺。等温球化退火的加热温度为 $A_{c1}+(10\sim20)℃$，等温温度为 $A_{r1}-(20\sim30)℃$。经过球化退火处理，钢中的片状碳化物经过溶断、球化，变为细小的球状或粒状分布在铁素体基体上，所以球化退火组织也称为球状珠光体或粒状珠光体。钢中碳化物的球化可以提高塑性、韧性，改善切削加工性，减少最终热处理时的变形开裂倾向。球化退火后的硬度取决于钢中碳元素的含量，随着含碳量的升高，碳化物数量增加，退火后硬度也相应升高。图 3-12 是 T10 钢经770℃ 保温 4h，炉冷至 700℃ 保温 4h 球化退火的组织（试样经 4% 硝酸酒精溶液浸蚀），均匀、细小的球状碳化物分布在铁素体基体上形成球状珠光体。

图 3-11　T10 钢的完全退火组织

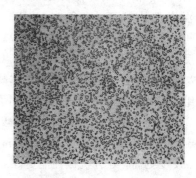

图 3-12　T10 钢的球化退火组织

5）亚共析钢的正火组织

正火是将钢加热到 A_{c3} 以上 30℃～50℃，工件透烧后获得均匀的单相奥氏体组织，保温后在空气中自然冷却。与退火冷却过程中的组织转变相似，亚共析钢在正火的冷却过程中也是先析出铁素体，再发生共析转变得到珠光体组织。正火与完全退火的主要区别在于：冷却速度较快，使先析出的铁素体量减少，珠光体量增加，且片间距离变小，组织更为细小。所以，与退火组织相比，正火组织的综合机械性能更好。图 3 - 13 是 45 钢经 4‰硝酸酒精溶液浸蚀后的正火组织，图中为细小均匀的珠光体＋白色网状铁素体。45 钢是最为常用的调质钢，在调质处理之前必须进行正火处理，以获得细小均匀的珠光体＋铁素体组

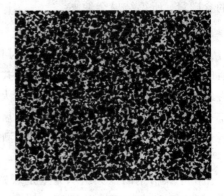

图 3 - 13　45 钢的正火组织

织，作为预先热处理的一道重要工序。由于 45 钢正火后的综合机械性能较好，因此对于普通的结构零件，正火也可以作为最终热处理。

6）铸钢的正火与退火组织

铸钢浇铸时，由于浇铸温度很高，冷却缓慢，使得铸态组织的晶粒十分粗大，一般晶粒度大于 1 级，而且铸态组织中常常出现严重的魏氏组织（魏氏组织为晶内针状铁素体和珠光体的混合物），使得铸件的脆性很大，所以铸态组织不能直接使用，必须经过正火或退火消除铸态组织后方能使用。同时，铸态组织存在很大的铸造应力，也必须通过正火或退火予以消除。

图 3 - 14 是 ZG230 - 450 经 4‰硝酸酒精溶液浸蚀后的铸态组织，为白色的块状、针状铁素体和黑色的珠光体，呈魏氏组织形态。图中白色铁素体上的灰黑色小点为氧化物夹杂。

图 3 - 15 是 ZG230 - 450 经 4‰硝酸酒精溶液浸蚀后的 890℃退火组织，为白色等轴的铁素体＋黑色网状分布的珠光体，晶粒较细，是正常的退火组织。铸钢由于成分偏析比较严重，退火或正火的温度都比较高，一般在 A_{c3} 以上 50℃～70℃之间。虽然铸钢的退火温度比较高，但比铸态包晶反应形成奥氏体的温度（约 1495℃）要低得

图 3 - 14　ZG230 - 450 的铸态组织

多，所以经退火重新加热形成的奥氏体晶粒要小得多，并经炉冷铁素体呈块状析出，消除了魏氏组织和粗晶粒，铸造应力也得到了完全的释放，使铸件具有良好的塑性和韧性。

图 3 - 16 是 ZG230 - 450 经 4‰硝酸酒精溶液浸蚀后的 890℃正火组织，为白色细小的铁素体＋黑色细小的珠光体，均匀分布，为正常的正火组织。与退火组织相比，正火组织的强度、硬度更高，综合机械性能更好。

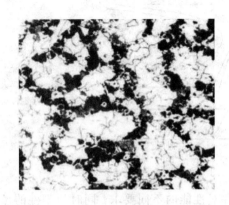

图 3 - 15　ZG230 - 450 的退火组织

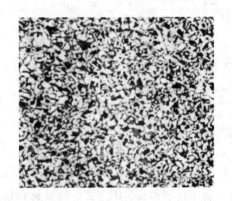

图 3 - 16　ZG230 - 450 的正火组织

2. 碳素钢的淬火和回火组织

　　淬火是将钢通过加热、保温和冷却(其冷却速度大于临界冷却速度),使过冷奥氏体转变为马氏体或贝氏体组织的工艺方法,是强化钢铁材料的常用热处理工艺。确定淬火加热温度最基本的依据是钢的化学成分。通常亚共析钢的淬火加热温度是 $A_{c3}+(30\sim50)℃$,共析钢和过共析钢的淬火加热温度是 $A_{c1}+(30\sim50)℃$,因为在这样一个温度范围内奥氏体晶粒较细并溶入足够的碳,因此淬火后可以得到细小的马氏体组织。由于碳素钢中碳化物的溶解速度较快,所以淬火加热的保温时间在工件透烧后再保持 $5\sim15$ min 就足够了。淬火的冷却速度很重要,一方面冷却速度要大于临界冷却速度,以保证得到马氏体组织;另一方面冷却速度应当尽量缓慢,以减小内应力,避免变形和开裂。淬火的冷却方法较多,按冷却方式及条件分类,常用的淬火冷却方法有直接淬火、双重冷却淬火、喷射淬火、分级淬火和等温淬火。直接淬火是将奥氏体化的工件直接淬入单一淬火介质中的方法,该工艺其工艺过程简单、经济,适合大批量作业,故在淬火工艺中应用最广泛。如果单一淬火介质不能满足某些工件对淬火变形及组织性能的要求,可以采用先后在两种介质中进行冷却的方法,如水淬油冷、油淬空冷等,目的是在淬火时有足够的冷却速度,保证获得马氏体组织,而在马氏体转变完成后降低冷却速度,以尽量减小冷却过程中产生的应力,避免工件开裂,这就是双重冷却淬火。喷射淬火是对于仅仅要求某一局部硬化的零件(如感应加热的工件表面)在特制的喷液装置中淬火。分级淬火是将奥氏体化后的工件首先淬入温度较低的分级盐浴中停留一段时间,使工件的表面与心部温差减小,再取出空冷使工件在缓慢冷却下进行马氏体相变的淬火方法,这样可以减小淬火应力,使工件淬火后变形开裂倾向减小。等温淬火是将奥氏体化的工件淬入小于 B_s 温度的等温盐浴(一般在下贝氏体温度范围内等温)中后保温较长时间使其获得贝氏体组织,然后再空冷。淬火方法的选择按工件的材料及其对组织、性能、尺寸精度的要求而定,一般在保证技术条件要求的前提下尽量选择最简便又经济的工艺方法。图 3-17 是理想的淬火冷却曲线示意图。图 3-18 是各种淬火冷却曲线示意图。

　　钢在淬火后,淬火马氏体具有较高的硬度、较大的淬火应力,片状马氏体还有很大的脆性,因此一般很少直接应用(在某些情况下,低碳马氏体、等温淬火获得贝氏体组织可以直接应用)。通过回火可以在适当降低硬度的同时,消除大部分淬火应力,改善钢的强度、

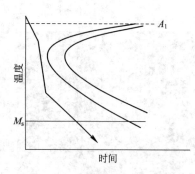
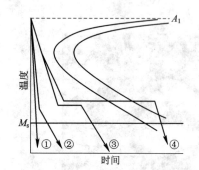

① 一单液淬火；
② 一双液淬火；
③ 一分级淬火；
④ 一等温淬火

图 3 - 17　理想的淬火冷却曲线示意图　　　　图 3 - 18　各种淬火冷却曲线示意图

塑性、韧性间的配合，从而可以满足各种机械零件对性能的不同要求，同时使零件的尺寸稳定性大大提高。淬火钢的回火本质上是淬火马氏体分解及碳化物析出、聚集长大的过程，是由非平衡态向平衡态(稳定态)的转变。按回火温度分类，回火有低温回火、中温回火和高温回火。随回火温度升高，淬火组织依次分解为回火马氏体、回火屈氏体、回火索氏体、粒状珠光体组织，下面分别进行讨论。

1) 板条状马氏体

板条状马氏体是低碳钢、中碳钢、马氏体时效钢等铁碳合金淬火后获得的一种典型的马氏体组织，因其显微组织由许多成群的板条组成而得名。图 3 - 19 是 20 钢淬火后获得的板条状马氏体组织(试样经 4 ‰硝酸酒精溶液浸蚀)，为一束束由许多尺寸大致相同并几乎平行排列的细板条结合起来的组织，束与束之间有较大的位向差。板条状马氏体由于发生自回火现象，淬火组织应力较小，硬度高，强度高，韧性高，具有优良的综合机械性能，因此可以在淬火状态或小于 200℃低温回火状态下使用。板条状马氏体的含碳量较低，所以也被称为低碳马氏体。

图 3 - 19　20 钢的板条状马氏体

2) 片状马氏体

片状马氏体是中碳钢、高碳钢等铁碳合金淬火后获得的一种典型的马氏体组织。这种马氏体的空间形态呈双凸透镜片状，所以也称为透镜片状马氏体。因与试样磨面相截而在显微镜下呈现为针状或竹叶状，故又称为针状马氏体或竹叶状马氏体。又因其含碳量比板条状马氏体高，故也称为高碳马氏体。片状马氏体具有比板条状马氏体更高的硬度和强度，但韧性较差，一般应用于硬度和耐磨性要求较高而韧性要求不高的工况下。图 3 - 20 为 20 钢表面在 960℃渗碳保温后，降温到 860℃淬火的组织，基体为粗针状马氏体及残留奥氏体，并有沿晶界分布的白色网状二次渗碳体。由于过热渗碳，在降温时沿晶界析出网状二次渗碳体。

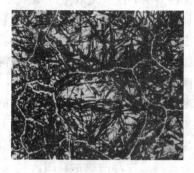

图 3 - 20　钢渗碳层的片状马氏体

3）马氏体在回火中的组织变化

对要求有高的强度、硬度、耐磨性及一定韧性的淬火零件，通常在淬火后进行低温回火，回火温度在 150℃～250℃ 之间。在这一温度下，钢的马氏体发生分解，马氏体的碳浓度降低并析出碳化物，获得以回火马氏体为主的组织。图 3-21 为 T10 钢淬火后经低温回火的组织（试样经 4％硝酸酒精溶液浸蚀），为黑色的针状回火马氏体和白亮的残余奥氏体。与淬火马氏体相比，形状没有大的变化，但比较容易受浸蚀，呈现较深的颜色。低温回火适用于中、高碳钢制造的各类工模具、机械零件，以及渗碳及碳氮共渗淬火后的零件。

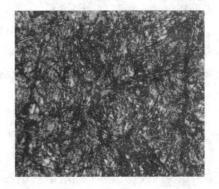

图 3-21　T10 钢淬火后经低温回火的组织

对要求有高的弹性极限的淬火零件，通常进行中温回火，回火温度在 350℃～500℃ 之间。在这一温度下，碳素钢马氏体中过饱和的碳几乎已全部析出，形成更为稳定的碳化物，获得回火屈氏体组织。图 3-22 为 65Mn 弹簧钢淬火后经中温回火的组织（试样经 4％硝酸酒精溶液浸蚀），为回火屈氏体。中温回火时，马氏体析出弥散、细小的碳化物，使基体变黑，这种细小的碳化物在光学显微镜下很难分辨。中温回火主要用于中、高碳弹簧钢的热处理，使弹簧钢的弹性极限显著提高，同时又具有足够的强度、塑性和韧性。

高温回火一般在 500℃～650℃ 之间进行。淬火马氏体经高温回火后，α 相已经发生了回复或再结晶，碳化物也已经转变为粒状渗碳体并均匀分布在铁素体基体上，显微组织已经接近平衡组织，这种组织称为回火索氏体。由于细粒状碳化物对基体没有片状碳化物那样的“切割作用”，使钢的强度、塑性、韧性达到比较恰当的配合，具有良好的综合机械性能。一般将淬火后经高温回火的热处理工艺称为调质处理，它主要用于中碳结构钢机械零件的热处理。图 3-23 为 45 钢经调质处理后的组织（试样经 4％硝酸酒精溶液浸蚀），为均匀细小的回火索氏体。

图 3-22　65Mn 弹簧钢淬火后的中温回火组织

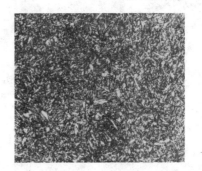

图 3-23　45 钢的调质组织

3. 碳素钢的表面淬火金相组织

表面淬火是强化金属材料表面层的重要手段。经表面淬火的工件，不仅提高了表面硬度、耐磨性和其他一些性能，而且与经过适当预先热处理的心部组织相配合，可以获得很好的强韧性和高的疲劳强度。常用的表面淬火工艺有表面感应淬火和表面激光淬火。按所选择的频率，表面感应淬火又可分为高频（30～100 kHz）、中频（＜10 kHz）和工频（50 Hz）淬火。高频淬火的层深为 0.5～2 mm，中频淬火的层深为 2～8 mm，工频淬火的层深为 8 mm 以上。感应加热表面淬火较普通淬火方法有许多优越性：热效率高，加热时间短，工件表面不易氧化、脱碳；加热速度快，细化了奥氏体晶粒使淬火后具有优异的机械性能；只实行表面加热，工件淬火变形小；设备易于实现机械化、自动化生产，劳动生产率高。因此，感应加热淬火作为表面淬火强化的重要手段得到了广泛的应用。

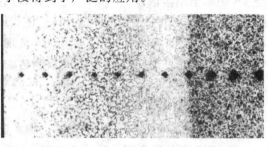

图 3-24 是 45 钢的表面高频感应淬火后的组织分布形貌（试样经 4％硝酸酒精溶液浸蚀）：左边灰白色区域为全淬硬层，组织为淬火马氏体；逐渐向内（右边）出现少量屈氏体，接近交界处出现铁素体，这个区域为过渡层；心部组织为珠光体及铁素体。图 3-24 中黑色菱形为维氏硬度压痕，从压痕的大小可以看出硬度的

图 3-24　45 钢表面高频感应淬火后的组织分布形貌

变化：表层硬度高，心部硬度低。经感应加热淬火后表层组织中马氏体粗细、铁素体残留量等均应控制，其评定方法可按 JB/T 9204－2008《钢件感应淬火金相检验》的规定进行。

4. 碳素钢的表面渗碳金相组织

钢的化学热处理就是将工件放在一定的活性介质中加热，使金属或非金属元素渗入到工件表层中，改变工件表面化学成分的热处理工艺。通过改变表面化学成分及随后的热处理，可以在同一材料的工件上使心部和表面获得不同的组织与性能。例如，可以在保持工件心部有较高的强韧性的同时，使其表面获得高的硬度、强度、耐磨性和抗咬合性。表面合金化还可以使工件表面具有较高的耐热性、耐腐蚀性等。

根据含有渗入元素的介质的物理状态不同，化学热处理工艺大致分类如图 3-25 所示。

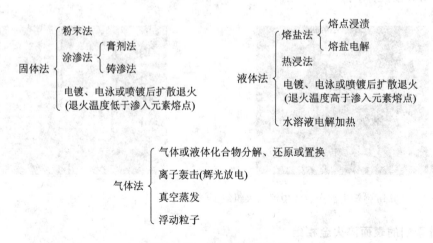

图 3-25　化学热处理工艺

化学热处理常用渗入元素及其作用见表 3-1。

表 3-1　化学热处理常用渗入元素及其作用

渗入元素	工艺方法	常用钢材	渗层组成	渗层深度 /mm	表面硬度	作用与特点	应用举例
C	渗碳	低碳钢、低碳合金钢、热作模具钢	淬火后为碳化物+马氏体+残余奥氏体	0.3~1.6	57~63 HRC	渗碳淬火后可提高表面硬度、耐磨性、疲劳强度,能承受重负荷,处理温度较高,工件变形较大	齿轮、轴、活塞销、链条、万向节
N (氮化)	渗氮 (氮化)	含铝低合金钢、中碳含铬低合金钢、含5%铬的热作模具钢、各类不锈钢	合金氮化物+含氮固溶体	0.1~0.6	60~70 HRC	提高表面硬度、耐磨性、抗咬合性、疲劳强度、抗腐蚀性以及抗回火氧化能力,硬度、耐磨性比渗碳件高,渗氮温度低,工件变形小,处理时间长,渗层脆性大	镗杆、轴、量具、模具、齿轮
C、N	碳氮共渗	低中碳钢、低中碳合金钢	淬火后为碳氮化合物+含氮马氏体+残余奥氏体	0.25~0.6	57~63 HRC	提高表面硬度、耐磨性、疲劳强度,共渗温度比渗碳低,工件变形小,但厚层共渗较难	齿轮、轴、链条
	低温碳氮共渗 (软氮化)	碳钢、合金钢、高速钢、不锈钢、铸铁	碳氮化合物含氮固溶体	0.007~ 0.020 0.3~0.5	50~68 HRC	提高表面硬度、耐磨性、疲劳强度,共渗温度低,工件变形小,硬度比一般渗氮低	齿轮、轴、工模具、液压件
S	渗硫	碳钢、合金钢、高速钢	硫化铁	0.006~ 0.08	70HV	渗层具有良好的减磨性,可提高零件的抗咬合能力,可在200℃以下的低温进行	工模具、齿轮、缸套、滑动轴承
S、N	硫氮共渗	碳钢、合金钢、高速钢	硫化物氮化物	<0.01 0.01~0.03	300~ 1200HV	提高抗咬合能力、耐磨性及疲劳强度,提高高速钢刀具的红硬性和切削能力,渗层抗蚀性差	工模具、缸套
S、C、N	硫碳氮共渗	碳钢、合金钢、高速钢	硫化物碳氮化合物	<0.01 0.01~0.03	600~ 1200HV	作用同上。在液体介质中一般含有剧毒的氰盐	工模具、缸套
B	渗硼	中高碳钢、中高碳合金钢	硼化物	0.01~ 0.03	1200~ 1800HV	渗层硬度高,抗磨料磨损能力强,减摩性好,红硬性高,抗蚀性有改善,脆性大,盐浴渗硼时熔盐流动性差,易分层,渗后的工件难清洗	冷作模具、阀门

　　渗碳是目前机械制造工业中应用最为广泛的一种钢铁化学热处理工艺。它是在活性的渗碳介质中,将工件加热到高温(一般在900℃~950℃),使活性碳原子经过表面吸收和扩散将碳渗入低碳钢或低碳合金钢工件表层,使其达到共析或略高于共析成分时的含碳量,

以便将工件淬火和低温回火后，其表层的硬度、强度，特别是疲劳强度和耐磨性，较心部具有显著的提高，而心部仍保持一定的强度和良好的韧性。

图3-26是20钢经900℃表面渗碳8 h后的平衡组织(试样经4％硝酸酒精溶液浸蚀)，由表面(图中左侧)至心部(图中右侧)的组织形貌为：珠光体(共析层)，珠光体和网状铁素体(亚共析层)，铁素体和珠光体(心部)。

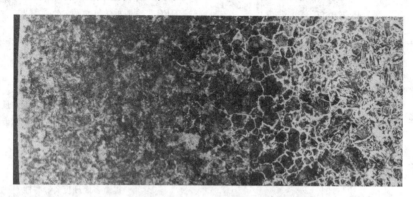

图3-26 20钢表面渗碳后的平衡组织

图3-27是渗碳层的淬火组织(试样经4％硝酸酒精溶液浸蚀)、马氏体和少量残余奥氏体。由于渗层表面碳含量较低，淬火温度不高，故马氏体细小，在高倍下才能分辨出针叶状。这种组织具有较高的硬度、强度、耐磨性和抗咬合性。渗碳层淬火组织中的马氏体、碳化物、残余奥氏体的评级可参照QC/T 262-1999《汽车渗碳齿轮金相检验》进行。

图3-28是工件心部的淬火组织(试样经4％硝酸酒精溶液浸蚀)，为低碳的板条状马氏体、贝氏体、铁素体。这种组织的硬度、强度比渗碳层要低一些，但保持了较好的塑性和韧性。

图3-27 钢表面渗碳层的淬火组织

图3-28 钢表面渗碳后心部的淬火组织

3.2.3 常用铸铁的金相组织

工业上所指的铸铁是初始状态为铸造状态，以铁、碳、硅为基础的铁基合金，碳含量在2％～4％的范围内。为了改善和强化铸铁的某些性能，常加入铜、铬、镍、钼、钒等合金元素，成为合金铸铁。铸铁是一种生产成本低廉并具有许多良好性能的金属材料，与钢相比，虽然在机械性能方面较差，但有优良的减震性、耐磨性、铸造性和可切削性，而且生产工艺和熔化设备简单，因此在工业生产中得到了普遍应用。

按碳在铸铁中的存在状态和石墨的形态，铸铁可分为白口铸铁、灰铸铁、球墨铸铁、蠕墨铸铁和可锻铸铁等五类。白口铸铁中碳全部以渗碳体的形式存在，断口呈白亮色。可锻铸铁由一定成分的白口铸铁经石墨化退火后制成，其中的碳全部或大部分呈团絮状石墨的形式，对基体的破坏作用较小，因而具有较高的韧性。蠕墨铸铁是在铸造前加蠕化剂，之后凝固而制得的，碳全部或大部呈蠕虫状石墨的形式。灰铸铁和球墨铸铁是在工业上应用最广的两类铸铁，下面对其进行介绍。

1. 灰铸铁的金相组织

灰铸铁中碳全部或大部分以片状石墨的形式存在，断口呈灰色。普通灰铸铁的组织是在金属基体组织中分布着片状石墨。由于石墨的强度和硬度都极低，且以片状的形态存在，在铸铁基体中相当于裂缝或空洞，割裂了基体的连续性，减少了铸铁基体的有效承载截面积，容易造成应力集中，所以灰铸铁的强度不高，脆性较大。但石墨的存在也带来了一些好处：铸造时凝固收缩小，不易产生缺陷；切削加工性能好，切屑易脆断；在干摩擦时，石墨的存在能起到润滑作用；在有润滑的情况下，石墨剥落后形成的微孔能起到储油的作用，从而提高了耐磨性；具有优良的减震性和缺口敏感性等。因此，炭铸铁在工业中得到了普遍应用。灰铸铁的金相检验可按 GB/T 7216—2009《灰铸铁金相检验》的规定进行。

图 3-29 是灰铸铁的石墨形态，试样未经浸蚀，石墨形状为片状石墨，呈弯曲片状，分布均匀，无方向性。

图 3-30 是经 4% 硝酸酒精溶液浸蚀后观察到的灰铸铁的基体组织，黑灰色基体为细片状珠光体，依附于石墨片的白色条块是铁素体。在石墨形态与分布相同的情况下，基体组织中珠光体数量越多，则铸铁的强度和硬度就越高。

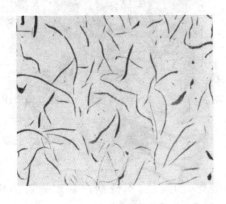

图 3-29　灰铸铁的石墨形态

图 3-30　灰铸铁的基体组织

2. 球墨铸铁的显微组织

球墨铸铁是指在铁液中加入球化剂进行球化处理后，使石墨大部分或全部呈球状形态的铸铁。与灰铸铁相比，球墨铸铁的石墨呈球状，对基体的切割作用最小，可以有效地利用基体的强度，从而具有比灰口铸铁高得多的强度、塑性和韧性，并保持优良的减震性、耐磨性、铸造性、切削加工性和缺口敏感性等灰铸铁的特性，获得了越来越广泛的应用。球墨铸铁的金相检验可按 GB/T 9441—2009《球墨铸铁金相检验》的规定进行。

图 3-31 是球墨铸铁的石墨形态（试样未经浸蚀），石墨大部分呈球状，少数呈团状，球化率达到 90% 以上。

图 3-32 是经 4% 硝酸酒精溶液浸蚀后观察到的球墨铸铁基体组织，为白色的铁素体和少量灰黑色的珠光体，部分白色的铁素体围绕黑色的石墨球分布，构成了球墨铸铁的一个独特的组织特征——"牛眼"。在石墨形态与分布相同的情况下，基体组织中珠光体数量越多，则铸铁的强度和硬度就越高。

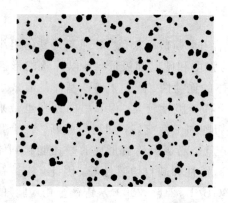

图 3-31 球墨铸铁的石墨形态

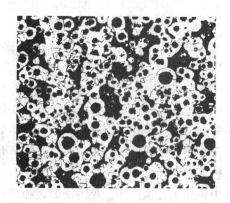

图 3-32 球墨铸铁的基体组织

球墨铸铁的石墨呈球状，对基体的切割作用小，所以球墨铸铁的机械性能主要取决于其基体组织。此外，球墨铸铁还可以像钢一样进行各种热处理以改善金属基体组织，进一步提高机械性能。等温淬火是目前发挥球墨铸铁材料潜力最有效的一种热处理方法。球墨铸铁在等温淬火后获得的下贝氏体基体组织具有较高的强度、硬度，较好的塑性、韧性和良好的耐磨性。图 3-33 是球墨铸铁经等温淬火后获得的下贝氏体基体组织，试样经 4% 硝酸酒精溶液浸蚀。

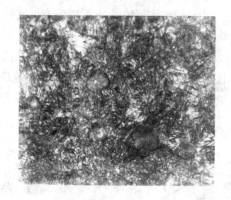

图 3-33 球墨铸铁等温淬火后的基体组织

3.2.4 不锈钢的奥氏体组织

不锈钢能抵抗大气腐蚀及一些化学介质（如酸类）的腐蚀。不锈钢按其正火后的显微组织可分为五类：奥氏体型不锈钢、铁素体型不锈钢、奥氏体-铁素体型不锈钢、马氏体型不锈钢和沉淀硬化型不锈钢。奥氏体型不锈钢是我们日常生活中接触很多的一类不锈钢，如普通家庭装修使用的不锈钢管就属于这一类型，下面介绍其金相组织。

典型的奥氏体型不锈钢是 18-8 型不锈钢，如 0Cr18Ni9、1Cr18Ni9 等。18-8 型奥氏体型不锈钢不仅能抵抗大气中的腐蚀，还能在一些浸蚀性强烈的介质中抗腐蚀，在低温、室温及高温下都有较高的塑性与韧性，同时冷变形能力和焊接性能良好，所以其应用比较广泛。由于加入了较多的镍、锰等形成奥氏体的元素，使其在常温下也保持为单相奥氏体组织。由于奥氏体是顺磁性的，所以我们可以利用磁铁对是否为奥氏体型不锈钢做简单的鉴别：不能吸附磁铁的是奥氏体型不锈钢，能吸附磁铁的则不是。图 3-34 是 1Cr18Ni9 不锈钢的金相组织，由多边形的奥氏体晶粒所组成（试样经硝酸、盐酸、苦味酸、重铬酸钾酒精混合液浸蚀）。

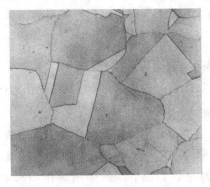

图 3-34　1Cr18Ni9 不锈钢的金相组织

3.2.5　焊接金相组织

焊接是一种重要的金属加工方法，它能使分离的金属件连接成牢固的整体，组成各种零件和结构。常用的焊接方法有电弧焊、气焊和电阻焊等。

现以低碳钢电弧焊为例说明焊缝和焊缝附近区域由于受到电弧不同程度的加热而产生的组织与性能的变化。如图 3-35 所示，左侧下部是焊件的横截面，上部是相应各点在焊接过程中被加热的最高温度曲线（并非某一瞬时该截面的实际温度分布曲线）。图中 1、2、3 等各部分金属组织的变化可用右侧所示的部分铁-碳合金状态图来对照分析。

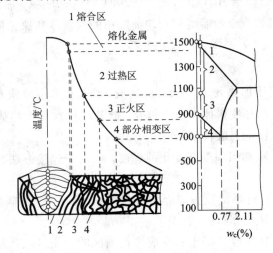

图 3-35　低碳钢焊接接头组织

1. 焊缝

焊缝的结晶是从熔池底部开始向中心生长的。因结晶时各个方向的冷却速度不同，故形成柱状的铸态组织，由铁素体和少量的珠光体组成。结晶是从熔池底部的半熔化区开始逐次进行的，低熔点的硫、磷夹杂和氧化铁等易偏析物集中在焊缝中心区，将影响焊缝的力学性能。因此，应慎重选用焊条或其他焊接材料。

焊接时，熔池金属受电弧吹力和保护气体吹动，熔池底部柱状晶体的生长受到干扰，柱状晶体呈倾斜状，晶粒有所细化。同时由于焊接材料的渗合金作用，焊缝金属中锰、硅等合金元素含量可能比母材金属高，焊缝金属的性能可能不低于母材金属的性能。

2. 焊接热影响区

焊接热影响区是指焊缝两侧金属因焊接热作用而发生组织和性能变化的区域。焊缝附近各点受热情况不同，热影响区可分为熔合区、过热区、正火区和部分相变区等。

1）熔合区

熔合区是焊缝和母材金属的交界区。此区温度处于固相线和液相线之间，由于焊接过程中母材部分熔化，所以也称为半熔化区。此时，熔化的金属凝固成铸态组织，未熔化的金属因加热温度过高而成为过热粗晶。在低碳钢焊接接头中，熔合区虽然很窄（0.1～1 mm），但因其强度、塑性和韧性都下降，而且接头此处的断面发生变化，容易引起应力集中，所以熔合区是整个焊接接头最薄弱的区域，其性能在很大程度上决定着焊接接头的性能。

2）过热区

过热区为被加热到 A_{c3} 以上 100℃～200℃ 至固相线温度之间的区域。由于奥氏体晶粒急剧长大，形成过热组织，故其强度、塑性和韧性都降低。对于易淬火硬化的钢材，此区的脆性更大。

3）正火区

正火区为被加热到 A_{c1} 至 A_{c3} 以上 100℃～200℃ 区间的区域。加热时金属发生重结晶，转变为细小的奥氏体晶粒。冷却后得到均匀而细小的铁素体和珠光体组织，其力学性能优于母材金属。

4）部分相变区

部分相变区为相当于加热到 A_{c1} 至 A_{c3} 的区域。珠光体和部分铁素体发生重结晶，转变为细小的奥氏体晶粒。部分铁素体不发生相变，但其晶粒有长大趋势。冷却后晶粒大小不均匀，因而其力学性能比正火区稍差。

焊接热影响区的大小和组织性能变化的程度，取决于焊接方法、焊接参数、接头形式和焊后冷却速度等因素。

图 3-36 是 Q235 材料焊接接头焊缝的金相组织（试样经 4% 硝酸酒精溶液浸蚀），为珠光体＋铁素体，呈枝晶状分布。

图 3-37 是 Q235 材料焊接接头热影响区粗晶区的金相组织，为珠光体＋铁素体，晶粒粗大，呈魏氏组织形态，属于过热组织。

图 3-38 是 Q235 材料焊接接头热影响区细晶区的金相组织，为等轴晶粒的铁素体＋珠光体，晶粒非常细小，属于正火组织。

图 3-39 是 Q235 材料母材的金相组织，为铁素体＋珠光体，略呈带状组织。

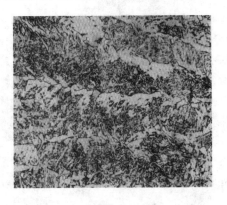

图 3 - 36　Q235 材料焊缝的金相组织

图 3 - 37　焊接接头热影响区粗晶区的金相组织

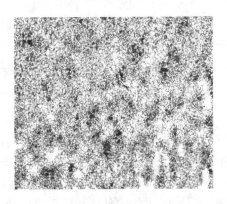

图 3 - 38　焊接接头热影响区细晶区的金相组织

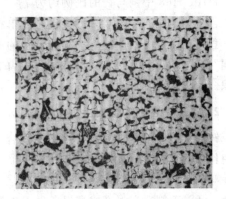

图 3 - 39　Q235 材料母材的金相组织

3.3　常用有色金属及其合金的金相组织

有色金属及其合金与钢铁材料相比具有许多独特的性能，因此，在工业上除了大量使用钢铁材料外，有色金属及其合金的使用也在日益增加。例如，铜及其合金导电性好，大量用作导体及制造抗磁性干扰的仪器、仪表零件；铝合金具有密度小、塑性好、比强度高、抗腐蚀性和导电性好等优良特性，在航空、交通运输等工业方面占有重要地位，为仅次于钢铁的工业金属材料；锡基轴承合金润滑性好，摩擦系数小，耐磨性好，常用于制造滑动轴承的耐磨合金。下面举例介绍这几类合金典型的金相组织。

1. 普通黄铜的金相组织

铜及铜合金的优越性能是多方面的：在所有的金属材料中，纯铜的导热性、导电性仅次于银而居于第二位；在大气及许多介质中，它们有很好的耐腐蚀性，并具有美丽的色泽、足够的强度和优良的塑性；加工性能好。所以，铜及铜合金是现代工业中不可缺少、难以替代的非铁金属材料。

黄铜具有良好的工艺性能和力学性能，导电性和导热性也较好，价格低，密度小，色泽好，是铜合金中应用最广泛的合金材料之一。含锌量最高不超过 50％ 的二元铜锌合金称为普通黄铜，在此基础上再加入其他合金元素的铜锌多元合金称为特殊黄铜或复杂黄铜。

在普通黄铜的组织中，锌能大量固溶于铜中形成 α 固溶体，锌在 450℃ 时溶解度最高可达 39%，高于或低于 450℃ 时溶解度有所减小。在实际生产中，考虑到不平衡冷却方面的原因，含锌量小于 32% 的黄铜可获得单相的 α 固溶体组织。单相 α 黄铜的塑性极好，可进行冷热加工。如果锌含量继续增加，则会出现以电子化合物 CuZn 为基的成分可变的固溶体 β 相，以及以电子化合物 Cu_5Zn_8 为基的固溶体 γ 相，使黄铜的塑性下降。

图 3 - 40　三七黄铜退火后的金相组织

H70、H68 中铜与锌的比例约为 7∶3，因此，又常常称为"三七黄铜"。三七黄铜是 α 单相黄铜，具有较高的强度和优良的冷、热变形能力，适用于在常温中用冲压法制造复杂的零件，在国防工业中常用来制造弹壳，故有"弹壳黄铜"之称。图 3 - 40 是三七黄铜退火后的金相组织，是由锌溶于铜形成的 α 固溶体单相组织。

2. 铸造铝合金的金相组织

铸造铝合金可分为铝硅合金、铝铜合金、铝镁合金、铝锌合金四大类。铸造铝硅合金可用作内燃机活塞、缸体、缸套、风机叶片等形状复杂的零件或薄壁零件以及各种电机、仪表等的外壳。铸造铝铜合金有较高的强度，加入镍、锰等其他元素后，可提高合金的耐热性，可用于制造高强度或高温条件下工作的零件。铸造铝镁合金有良好的耐腐蚀性，因此多用于制造在腐蚀介质条件下工作的零件。铸造铝锌合金有较高的强度，价格低廉，常用于制造医疗器械零件，也可用于制造日用品。下面介绍铸造铝硅合金的金相组织。

铸造铝硅合金一般含硅量为 5%～13%，属于亚共晶和共晶型合金，具有良好的铸造性能，抗腐蚀性能高，力学性能较好，而且密度小。加入铜、镁、锰等元素后，形成复杂的铝硅系合金，在合金中形成 Al_2Cu、Mg_2Si 等可热处理强化相，可以通过热处理提高机械性能，从而扩大了铝硅系合金在工业上的应用。

简单的铝硅二元共晶型合金(ZL102)具有良好的铸造性能，无裂纹倾向，线收缩性好，气密性好。合金的力学性能，特别是塑性在很大程度上取决于共晶硅的分布形态和细化程度。在铸态下为 α+Si 共晶组织，硅呈粗大的针状和可能出现的多角状初晶硅，对力学性能有不利的影响，强度和塑性较低，只适合于制造小负荷壳体类零部件。图 3 - 41 是未经变质处理的 ZL102 铸造铝硅合金的金相组织，白色基体为 α 固溶体，粗大灰色条片状为共晶硅，灰色块状为初晶硅。

简单的铝硅二元共晶型合金不能通过热处理强化，只能通过钠盐或磷等元素进行变质处理，使粗大的共晶硅变细，以改善合金的力学性能和加工性能。变质处理后，强度一般可提高 30%～40%，塑性也有一定程度的提高。图 3 - 42 是经变质处理后的 ZL102 铸造铝硅合金的金相组织，白色枝晶状为初生 α 固溶体，灰色共晶硅呈球状和椭圆状，是典型的变质处理组织。

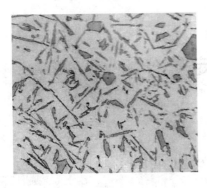
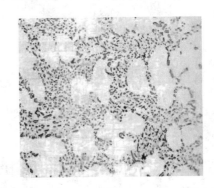

图 3-41　ZL102 铸造铝硅的金相组织(未变质)　图 3-42　ZL102 铸造铝硅的金相组织(变质后)

3. 锡基轴承合金的金相组织

滑动轴承是汽车、机车、飞机等内燃机发动机和动力机械上的重要耐磨零件,其质量的优劣直接影响这些机械的工况和使用寿命。在滑动轴承中,制造轴承内衬的金属材料称为轴承合金。

滑动轴承特别是内燃机滑动轴承的工作条件比较恶劣,既要承受轴颈给予的压力、冲击载荷和交变应力,又要经受摩擦、磨损、较高温度的作用和多种介质的腐蚀作用。特别是现代发动机向着高速、重载方向发展,滑动轴承的工作条件更为苛刻。因此,轴承合金除应有足够的力学性能,如强度、硬度、塑性和韧性之外,还应具有良好的耐磨性、抗疲劳性、耐腐蚀性、导热性等。能够用来制造轴承内衬的材料很多,生产上常用的有四大类:锡基轴承合金、铅基轴承合金、铜基轴承合金、铝基轴承合金。

锡基轴承合金以锡-锑-铜三元系合金应用最广泛。当锑含量小于 9% 时,锑溶于锡中形成锡基固溶体,提高了合金的硬度和强度;当锑含量超过 9% 时,合金金相组织中会出现方形或多边形的 SnSb 化合物,它会进一步提高合金的硬度和强度;但当锑含量过高时,SnSb 化合物数量过多,则合金变脆,性能下降。铜的加入,其主要作用是防止密度较小的 SnSb 晶体在结晶过程中出现上浮而造成密度偏析现象,铜与锡形成针状及星状的化合物 Cu_6Sn_5,有阻止随后析出的 SnSb 晶体偏析的作用。铜的加入会提高合金的力学性能,但铜含量一般控制在 6% 以下。

锡基轴承合金主要采用铸造法进行生产,$ZSnSb_{11}Cu_6$ 是锡-锑-铜三元系锡基轴承合金代表性的合金牌号。图 3-43 为 $ZSnSb_{11}Cu_6$ 锡基轴承合金的金相组织,由软质基体加硬质点组成。软质基体为 Sb 溶于 Sn 中形成的固溶体;硬质点为 Sn 和 Sb 形成的方形结晶化合物 SnSb;Cu 与 Sn 形成的 Cu_6Sn_5 化合物呈针状或星形结晶,形成网状骨架,可有效阻止 SnSb 晶体的比重偏析,促使其均匀分布;白色方块状的 SnSb 晶体和白色针状及星状的 Cu_6Sn_5 晶体均匀分布在软质基体上。具有这种组织结构的合金的综合机械性能比较好,能满足高速轴承的工作要求。

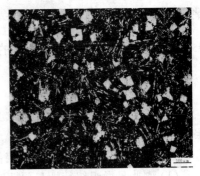

图 3-43　ZSnSb11Cu₆ 的金相组织

第4章 金相定量分析

4.1 定量金相分析基础

4.1.1 定量体视学和定量金相学

1. 定量体视学

Hans Elias 于 1961 年给出了"定量体视学"的定义——在只能得到通过固态实体的二维截面或实体在表面上的投影的条件下探讨三维空间的一整套方法。由于这个定义抓住了体视学的本质(把一个在截面上的测量结果转换为有关显微组织的空间特征的结论),因此该定义获得了较为普遍的认同。

体视学是一门年轻的学科。应用体视学也有一些争议,但由于体视学的基本测量相对简单,不像人工测量那样繁琐,尽管提示测量工作需要进行大量观察和多次重复,但是伴随着图像分析的计算化、数字化和智能化的技术的进步,可以说不需费很大力气就能得出结果。体视学方法在质量分析和"组织-性能-表现"的相互关系的研究方面有重要价值。

2. 定量金相学

从 Hans Elias 给出的定义出发,我们可直截了当地描述:这种从二维图像推断三维组织图像的科学称为体视学。很显然,在对金相组织参数进行测量时,体视学原理和方法的应用是可行的。绝大多数金属或非金属材料是不透明的,因此不能直接观察组织的三维立体图像,只能在二维截面上或者从薄膜透射投影图上对试样进行测量,然后去推断三维图像。于是在金相研究领域就派生出一个新分支——定量金相学。从这个意义上说,把体视学应用于金相学研究的学科称为定量金相学。

4.1.2 金相定量分析应实施的基本工艺操作

1. 测定参数与实施工艺

定量金相检测主要包括:晶粒度、相或相成物的体积分率、片问题、球化级别和脱碳层深度等。

在应用体视学方法进行金相定量测量时,通常要考虑到如下问题:

(1)哪些显微组织特性与预期的工作条件或性能要求有关?

(2)如何才能显示和测定这些特性?

(3)哪些测量方法最为精确有效?

(4)有哪些人工或自动化方法可用于简化这些分析?

（5）需要测量多少样品？它们应从样品的什么部位取样？应当在哪个方向上进行检验？

（6）样品应如何制备？

（7）需要多大的放大倍数？

（8）应测量多少个视场？

（9）应当如何分析与表达这些数据？

（10）可以得出什么样的结论？

这 10 个问题非常重要，它们使金相工作者解放思想，明确问题，取得有效的数据并得出符合实际的测量结果。

2. 金相定量分析应实施的基本工艺操作

上面的金相定量分析要考虑的 10 个问题仅是"思想前导"，而要把"想"变为行动，还应该有一整套基本工艺操作来保证金相定量分析得出符合实际的测量结果。下面就这些基本工艺操作展开阐述。

要得到有效的体视学数据，试样必须有代表性并正确制备。也就是说，所取样品必须真实地反映被测的组织。如果组织沿着截面有变化，则取样会变得复杂化。随机取样常用来获得统计学的重要数据。随机取样意味着组织中的所有区域和方向都有相等的机会被截取来参与试验。显然，如果组织沿截面是不断变化的，随机取样就得不到有效的数据。此时，试验必须搞清在某些确定方向上的变化。实际上，真正的随机取样是很难做到的，往往根据试样切取的方便和容易来考虑，良好的技术建议必须达到既能确保进行充分的测试而又不必进行过多的取样。

3. 试样制备

试样切割下来并编号以后要进行制样以便作金相检验。抛光和浸蚀必须能显示显微组织的真实情况而没有变形、污染和擦伤等缺陷。要得到有效的结果，必须清晰显示真实的组织。用自动装置测量组织时，试样的制备就更重要，最好采用自动抛光装置以便获得最大的平整性，控制适当的浮凸并使抛光质量具有再现性。

4. 视场选择

操作者必须确定要测量的视场的数量及分布，同时还要选择最佳放大倍数。提高放大倍数，则视场缩小。抽样统计量取决于测量面积。放大倍数的选择就是要权衡好组织的清晰度与视场面积之间的关系。达到某种测量精度所需的测量面积取决于组织的均匀程度。这种均匀性可由各视场的测量值的变化大小来估计。在大多数情况下，可以测量一定数量的视场，计算测量值的相对精度，然后再决定要得到一个特定的相对精度（例如，以 95% 的置信度水平达到 10% 的相对精度）需测量多少个视场。通常，要把经 x 次测量得到的观察值的相对精度降低一半，必须增加到 $4x$ 次测量。

几乎所有的操作都应随机地进行视场选择，即操作者应不带偏见来放置框格。测量视场最好不要局限于一小部分面积内，而是以一种有规则的图形分布于试样表面。用正置金相显微镜便于进行视场配置，用倒置式显微镜则较困难。在有规则地配置视场的同时不去观察投影图像就可以保证视场的随机选择。观察者绝对不要去调整试样与网格的相对位置，否则就会有偏向。

在有些事例中，需要有选择性地配置视场。例如，若试样具有界线分明的粗细晶粒的混晶组织，通常要用随机方式测定细晶区和粗晶区的体积分率，然后分别测量各区的晶粒度。

4.2　金相定量分析的基本符号、标准符号和基本方程

由于金相定量分析是用于体视学的原理和方法，因此它的基本符号和标准符号就从体视学"拿过来"以规范我们的工作。使用这些符号，参考文献[3]推导出了一些基本公式，本书直接引用，读者可直接用这些公式进行测量和计算。

1. 基本符号和标准符号

国际体视学学会采用 5 个基本符号并规定了它们的用途。这 5 个基本符号为：P—点；S—表面；L—线；A—面积；V—体积。

这些符号用上标和下标的变化来代表各种不同的测量，如表 4 - 1 所示。在使用这些符号时，必须记住其参数的来源。也就是说，该符号代表位于样品体积内或磨光表面上的特征，或是实验要素（点、线或面）与该特征的交点。通常符号有双重作用。例如，P 既可以表示一个截获点计数或一个网格测试点，也可以表示一个相交点计数。测试体积以脚注 T 来加以区分，如 L_T、A_T 或 V_T，但是复合符号不带脚注 T，因为在定义时没有用到它（如 $V_V = \sum V_i / V_T$）。符号 A 和 S 都用来表示表面。通常 A 用于表示平坦的表面或平面表面，而 S 专用于表示曲面。

大多数体视学测量只要求简单的计数。这些测量可以联合起来产生各种有用的显微组织参数。基本测量包括以下几项：

P_P：处在被研究的相中的测试点数除以测试点总数。

P_L：测试线与特征交截点数除以测试线长度。

N_L：被测试线截取的特征的数量除以测试线的长度。

P_A：点状特征的数量除以测试面积。

N_A：特征的数量除以测试面积。

P_L 与 N_L 可能会引起某些混乱，如果测试线与一个在表面上的孤立的质点相交，就有两个相交点但只有一个质点。对于单相连续组织，如低碳钢中的铁素体晶粒，占的交点数 P_L 将和晶粒截取的数量 N_L 一样。

在定量分析中测量的是材料组织的点数（P）、线长（L）、平面面积（A）、曲面面积（S）、体积（V）、物体的个数（N）。由此派生出一些复合的符号，它们往往表示了被测量与测试用的量（用下标 T 表示）的比值。

P_P：点分数，总测试点数（P_T）和落入某个相内的点数（P）之比，即 $P_P = P/L_L$。

P_L：单位长度测试线所交的点数，$P_L = P/L_T (1/mm)$。

P_A：单位测试面积中的点数，$P_A = P/A_T (1/mm^2)$。

P_V：单位测试体积中的点数（$1/mm^3$）。

表 4-1　国际体视学学会推荐的标准符号

符号	单位	说　明	通称
P		点要素或测试点数量	
P_P		点分数,即单位总测试点数中的点要素数	点计数
L	mm	线要素或测试线的长度	
P_L	mm^{-1}	单位长度测试线所交的点数	
L_L	mm/mm	截取线长度的总和除以总的测试线长度	线分率
A	mm^2	被截取特征的平面面积或测试面积	
S	mm^2	表面面积或界面面积,通常专指曲面	
V_1	mm^3	三维组织要素的体积或测试体积	
A_A	mm^2/mm^2	被截取特征的面积总和除以总测试面积	面积分率
S_V	mm^2/mm^3	表面或界面面积除以总测试体积,即表面对体积的分率	
V_V	mm^3/mm^3	组织特征的总体积除以总测试体积	体积分率
N		特征的数量	
N_L	mm^{-1}	特征的截取数量除以总测试线长度	线密度
P_A	mm^{-2}	点特征数除以总的测试面积	
L_A	mm/mm^2	线特征的总长度除以总测试面积	周长(总)
N_A	mm^{-2}	被截取的特征数除以总的测试面积	面密度
P_V	mm^{-3}	单位测试体积内的点数	
L_V	mm/mm^3	单位测试体积内特征的长度	
N_V	mm^{-3}	单位测试体积内的特征数	体积密度
$\overline{L}$	mm	平均线截距,L_L/N_L	
$\overline{A}$	mm^2	平均截面面积,A_A/N_A	
$\overline{S}$	mm^2	平均颗粒表面积,S_V/N_V	
$\overline{V}$	mm^3	平均颗粒体积,V_V/N_V	

注:以分率表示的参数是以单位长度、单位面积或单位体积表示的。

L_L:线段分数,单位长度测试线中处于某个相内的线段长度(mm/mm)

L_A:单位测试面积中的线段长度(mm/mm^{2}或1/mm)。

L_V:单位测试体积中的线段长度(mm/mm^{3}或1/mm^2)。

A_A:面积分数,单位测试面积中某个相所占的面积,$A_A=(A_A)_\alpha=A_\alpha/A_T(mm^2/mm^2)$。

S_V:单位测试体积中被测相的曲面积,$S_V=S/V_T(mm^2/mm^3$或1/mm)。

V_V:单位测试体积中某个相的体积,$V_V=(V_V)_\alpha=V_\alpha/V_T(mm^3/mm^3)$。

N_L:单位测试线所交某个相的点数(1/mm)。

N_A:单位测试面积内某相的数量,$N_A=(N_A)_\alpha=N_\alpha/V_T(1/mm^3)$。

N_V：单位测试体积中某个相的数量，$N_V = (N_V)_\alpha = N_\alpha / V_T \, (1/\mathrm{mm}^3)$。

$\overline{L}$：平均线截距长度，$\overline{L} = L_L / N_L \, (\mathrm{mm})$。

$\overline{A}$：平均截面面积，$A = A_A / N_A \, (\mathrm{mm}^2)$。

$\overline{S}$：平均颗粒表面积，$\overline{S} = S_V / N_V \, (\mathrm{mm}^2)$。

$\overline{V}$：平均颗粒体积，$\overline{V} = V_V / N_V \, (\mathrm{mm}^3)$。

2. 基本方程

定量分析中常用的体视学的基本方程有以下几个：

$$V_V = A_A = L_L = P_P \qquad\qquad (4-1)$$

$$S_V = \frac{4}{\pi} L_A = 2P_L \qquad\qquad (4-2)$$

$$L_V = 2P_A \qquad\qquad (4-3)$$

$$P_V = \frac{1}{2} L_V S_V = \frac{2}{\pi} L_V L_A = 2P_A P_L \qquad\qquad (4-4)$$

以上方程列出了一些基本量的换算关系，把不能直接测量的量用可以直接测量的量推算出来。它们的基本关系如图 4-1 所示。图 4-1 表明了测量值与计算值之间的关系。图中圆圈中的量为可以直接测量的量，方框中的量只能利用可以直接测量的量计算出来，其中 L_L、L_A、A_A 三个量既可测量也可计算。

（1）式(4-1)表示了体积比、面积比、线长比及点数比是相等的关系。可以通过测试试样任一表面上被测相的点数比、线长比、面积比计算出体积比，这里体积比是不能直接测量的。由被测相的体积百分比乘以其密度即可得到被测相的质量百分比。

（2）式(4-2)给出了显微组织中，单位测试体积中被测相的表面积与单位测试面积中被测相所占的线长以及单位测试线

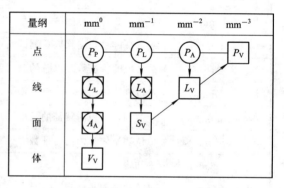

图 4-1　测量值与计算值之间的关系

上被测相中所占的点数的关系。通过测量单位测试面积中的被测相的表面与截面交线长度，或单位测试线上被测相的点数，可以计算出单位测试体积中被测相的表面积。这里单位测试体积中被测相的表面积是不能直接测量的。

（3）式(4-3)给出了三维空间中，单位测试体积中被测相的线长与单位测试面积中被测相所占的点数之间的关系。通过测量单位测试面积中被测相所占的点数，可以计算出不能直接测量的量 L_V。L_V 在材料科学中被定义为线组织位错的位错密度。位错密度是金属物理中一个十分重要的量，与材料的性能有着密切的关系。

（4）式(4-4)给出了单位测试体积中被测相的点数和单位测试面积上被测相的点数，以及单位测试线上被测相点数的关系。这里 P_V 是不能直接测量的，可以通过测量 P_A 和 P_L 而得到。

总之，以上方程给出了从一维、二维的研究推算出三维空间组织状况的方法。以上的基本方程都是准确的，可以通过数学推导给出证明，具体推导过程这里不做论述。

4.3　金相定量分析的基本方法

为了保证测量的精确度，必须预先确定测量方法。最常用的测量方法有以下几种：比较法、体积分率法（面分析、线分析、点计数）和联合测量法等。

1. 比较法

这种方法把被测相与标准图进行比较，和标准图中哪一级接近就定为哪一级。例如，晶粒度、夹杂物、碳化物及偏析等都可以用比较法定出其级别。这种方法简便易行，但误差大。

用标准图片评定显微组织起源于 20 世纪 20 年代中期，通常用于评定晶粒大小、夹杂物和石墨，后来做出了评定体积分率的标准图片。广泛应用标准图片是由于其简单易行，有许多图片已被纳入国家和国际标准，其余则在指定的企业或工业部门内部应用。

应用标准图片时，操作者在规定的放大倍数（通常目视放大率为 100×）下仔细观察样品，同时不时扫视图片，直到能决定哪个或哪些图片最能代表该样品的组织为止。有时可将标准图刻在目镜的分划板上以便同时观察组织和标准图片，这样可达到较高的精确度。

2. 体积分率法

确定特定的相或组织在显微组织中的体积分率是最重要、最常用的体视学测量之一。确定体积分率的最简单的方法是观察组织并计算或估计面积分率。这种方法应用广泛，但有误差。将显微组织与不同百分比的典型的或特定的组织图片比较，可在某种程度上提高精确度。这一方法的精确度部分地取决于组织的大小和分布在多大程度上接近于标准图片，如图 4-2 所示。采用下面将要论述的体视学测量法（即在随机的二维截面上应用的面分析、线分析和点计数三种基本测量方法）可较好地测定出 V_V 的值。

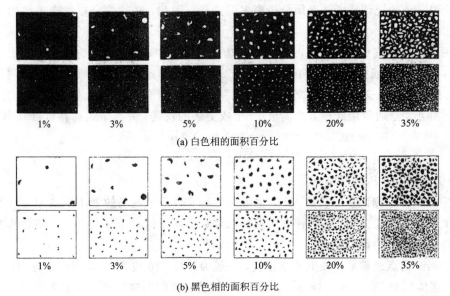

(a) 白色相的面积百分比

(b) 黑色相的面积百分比

图 4-2　Nelson 推荐的用于评定体分率的图片

1) 面分析

面分析是由法国地质学家 Delesse 在 1948 年提出的。Delesse 阐明，在不透明的二维截面上所获得的平均面积分率 A_A 就是体积分率 V_V，即

$$V_V = \frac{\sum A_\alpha}{A_T} = A_A \qquad (4-5)$$

式中，$\sum A_\alpha$ 为所研究的 α 相面积的总和；A_T 为总的测量面积。

这样的测量可以用面积测量法或在一张照片上切出所研究的相，并将其重量除以该照片的原重量得到。当然，这种方法对很细小的组织不合适且比其他方法要慢得多，目前已很少采用。

2) 线分析

这种方法是德国地质学家 Rosiwal 于 1898 年完成的，他论证了线分率 L_L 和面积分率之间的关系。线分析是把随机配置的线上用于研究的相内线段总长度 $\sum L_\alpha$ 除以总的线长度 L_T 求出线分率，即

$$L_L = \frac{\sum L_\alpha}{L_T} = V_V \qquad (4-6)$$

3) 点计数

点计数法（美国材料试验标准 E562）用于测定体积分率，是近期发明的一种方法。它是由 Thomson 于 1933 年、Glagolev 于 1933 年、Chalkley 于 1943 年分别独立提出来的。这种方法采用单独的测试点或一维（或两维）的格点。测试网格可以放在目镜内，也可以用一个塑料盖片放在投影屏或照片上面。要用足够高的放大倍数以便清楚地辨别测试点相对于各组织要素的位置。但是放大倍数也不能过大，当放大倍数增加时，视场面积将减少，这样，要获得一定的统计精度就必须分析更多的视场。因此，必须综合权衡来确定恰当的放大倍数。

把网格放到最佳放大倍数下的一个随机选择的视场中，数出处在所研究的相上的点的数目 P_α，处在质点或相的界面上的点计作 1/2。因为"点"不易观察，所以点计数网格多用十字线。此时，两条交叉直线的交点就是"点"，而该交点必须处于认为"命中"的相上，十字线的臂部不算。通常用这种方法测量 10 个或更多的视场，并按下式计算点百分率 P_P：

$$P_P = \frac{\sum P_\alpha}{P_T} = \frac{\sum P_\alpha}{nP_0} \qquad (4-7)$$

式中：n 为视场数；P_0 为网格点数。

这样，P_T 等于测试点的总数 nP_0。也可以先确定每一个视场的 P_P 值，而对于 n 个视场取平均值来计算体积分率。这两种方法都可以计算出同样的 P_P 值，但第二种方法作好了进一步统计分析所需的数据准备。

目镜测试格点通常采用较低的点密度，一般为 5、9、16 或 25 个有规则地分布的点。一般来说，当体积分率减少时，操作者应选用点密度较高的网格。为了减少工作量，通常应测定体积分率最小的相上的点数。网格点的有规律的分布比随机分布更有效。通常，要选好放大倍数和格点密度，以使在一个所研究的给定的质点上不会落下一个以上的格点。如

果组织极其粗大,则应当采用低密度格子和低的放大倍数以避免在同一个组织特征上的多重点。发生这类情况不利于测量精度及统计学抽样。

在大多数实验中,体积分率是通过 A_A、L_L 或 P_P 乘以 100 之后以百分比来表示的。在统计学精度的限度内,所有这三种方法常常表现为等同的试验结果,即

$$V_V = A_A = L_L = P_P$$

图 4-3 表明用这三种方法的估计值近似地产生同样的结果,测量两个以上视场将可获得更好的等效性。在大多数情况下,截面必须是随机选择的,即截面的选择不能导致测量的偏向。

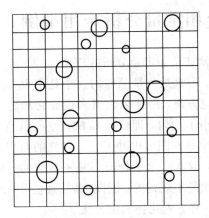

$A_T = 12\ 100\ mm^2$
$L_T = 2200\ mm$
$P_T = 100$

图 4-3　用一个截面上截割球形质点后的概念化图形以 3 种方法估计 V_V 的图例

图 4-3 中的三种方法的估算结果如下:

面分析:

$$V_V = \frac{\sum A_\alpha}{A_T} = \frac{圆面积之和}{图框面积} = \frac{884.75}{12\ 100} = 0.073$$

线分析:

$$L_L = \frac{\sum L_\alpha}{L_T} = \frac{\sum 截距长度}{总的线长度} = \frac{152.3}{2200} = 0.069$$

点计数:

$$P_P = \frac{\sum P_\alpha}{P_T} = \frac{\sum 相中的点}{总点数} = \frac{5 + 2 \times \left(\frac{1}{2}\right)}{100} = 0.06$$

其中,与质点相切者计作 1/2。

实践证明,采用有规则的二维网格进行点计数是评定显微组织中相的体积分率的最佳方法。体积分率较低时,建议采用高点密度网格,如 100 点的格子,而对高体积分率,较低的点密度格子(如 25 点网格)比较有效。不均匀的组织最好测量更多的视场,而每一个视场花较少的测量时间,此时以 25 点网格较好。应当对体积分率最低的相计数,而对体积分率高于 50% 的相进行点计数效率不高。主相通常可以在对其他相进行点计数以后用差值法来确定其体积分率。样品必须仔细制备,使其具有较低的表面凹凸,各相间的轮廓鲜明,衬度适当。放大倍数的选择往往是表面面积大小和清晰度之间的综合结果。应当尽可能用低的放大倍数,只要在这样的倍数下测试点相对于组织的位置能够清楚地判别就行。要在不

注视组织的条件下选择视场以避免操作者的偏向。视场应有规则地分布于样品表面。当然，样品对试样必须有代表性。

3. 联合测量法

此法是将计数点法和截线法联合起来进行测量，通常用来测定 P_L 和 P_P，由定量分析的基本方程得到表面积和体积比值：

$$\frac{S_S}{V_V} = \frac{2P_L}{P_P} \tag{4-8}$$

4.4　金相定量分析应用举例

现以对晶粒大小的测定为例来阐述金相定量分析的应用。

工程材料一般都呈多晶聚合体，准确地测量晶粒的大小是很重要的，也是人们很关心的事。但在晶粒大小的定量金相研究方面，用什么数值来表征它却是一个困难的问题。且不说同一材料、同一试样中晶粒大小不均匀，即使各晶粒在空间具有同样的形状和大小，由任意平面相截后，所显示出的各个晶粒图形也并不具有同样的面积和相同的形状。在这种情况下，无论采用哪种测量方法，取其算术平均值都是不恰当的。另外，人们习惯用晶粒直径来表示晶粒大小，而晶粒形状是不规则的，因此"晶粒直径"用于此并不完全恰当。

在实际应用中，对晶粒度大小，有下列几种测定方法。

1. 用比较法测量

单位面积中，已知晶粒截面的数目，可通过平面视场的计数，按 $1g\ n_A = (N-1) \lg 2$，求出晶粒度的级别。其中，n_A 为放大 100 倍时，每平方英寸面积上的晶粒数目；N 为 ASTM 晶粒度级别。ASTM 晶粒度级别对于晶粒尺寸提供了这样一种方便，即晶粒度的级别每增大一级，大致相当于单位体积内晶粒数目增加到三倍。平面晶粒计数和体积晶粒计数之间的关系如图 4-4 所示。

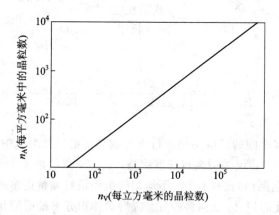

图 4-4　平面晶粒计数和体积晶粒计数间的关系

在我国，在一般厂矿的实际生产应用中，通常采用比较法来评定晶粒度，即与晶粒度标准图片进行比较。通常把晶粒度大小分为 8 级。图 4-5 为晶粒度级别示意图。人们只要经过目测比较，就可以确定级别，而其标准则是按单位面积的平均晶粒数来分级的。

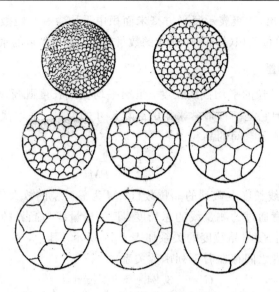

图 4-5 晶粒度级别示意图

级别按下式确定：

$$n = 2^{g+3} \quad 或 \quad g = \frac{\lg n}{\lg 2} - 3 \tag{4-9}$$

式中，n 为每平方毫米中的晶粒数目，g 为晶粒度级别。晶粒度与其他各种晶粒大小表示方法的比较见表 4-2。

表 4-2　晶粒度与其他各种晶粒大小表示方法的比较

晶粒度号	放大 100 倍时，每 6.45 mm² 面积内所含晶粒数目			实际每 mm² 面积中平均含有晶粒数	平均每一晶粒所占面积 /mm²	计算的晶粒平均直径 /mm	弦的平均长度 /mm
	最多	最少	平均				
-3	0.09	0.05	0.06	1	1	1.000	0.886
-2	0.19	0.09	0.12	2	0.5	0.707	0.627
-1	0.37	0.17	0.25	4	0.25	0.500	0.444
0	0.75	0.37	0.5	8	0.125	0.353	0.313
1	1.5	0.75	1	16	0.0625	0.250	0.222
2	3	1.5	2	32	0.0312	0.177	0.157
3	6	3	4	64	0.0156	0.125	0.111
4	12	6	8	128	0.0078	0.088	0.0783
5	24	12	16	256	0.0039	0.062	0.0553
6	46	24	32	512	0.001 95	0.044	0.0391
7	96	48	64	1024	0.000 98	0.031	0.0267
8	192	96	128	2048	0.000 94	0.022	0.0196
9	384	192	256	4096	0.000 244	0.0156	0.0138
10	768	384	512	8192	0.000 122	0.0110	0.0098
11	1536	768	1024	16 384	0.000 061	0.0078	0.0069
12	3072	1536	2048	32 768	0.000 030	0.0055	0.0049

由表 4 - 2 可以看出,1 级表示每平方毫米面积中平均含有晶粒数 16 个,而 8 级含晶粒 2048 个。级别越大,单位面积(体积)中晶粒的数目越多,每个晶粒的平均面积、体积越小。

2. 用线分析法测量

用线分析法测量晶粒的平均截线长度,虽然平均截线长度既反映不了平面的直径,也反映不了空间直径,但它是一种最常采用的晶粒尺寸的度量。平均截线长度 $L_{平}$,可以在抛光平面上测得。对于填满空间的晶粒:

$$L_{平} = \frac{1}{N_{L}} = \frac{L_{T}}{PM} \qquad (4 - 10)$$

式中:N_{L} 为单位测量线长度上截到的晶粒数目;M 为显微镜的放大倍数;L_{T} 为在显微组织照片上或视场上,任意通过的测量线的总长度;P 为测量线与晶界的交点数。

晶粒的平均截线长度与晶粒度的关系如表 4 - 2 所示。其中,弦的平均长度一项指的就是平均截线长度,两者之间存在着下列函数关系:

$$G = - 3.24 - 6.64 \lg L_{平} \qquad (4 - 11)$$

其中:G 为晶粒度级别;$L_{平}$ 为平均截线长度。

4.5　金相定量测量误差的统计分析

1. 测量误差

测量的目的是确定测量的值。金相定量测量也不例外。测量不完善会使测量结果与被测量真值有差异。测量结果减去被测量真值就是测量误差:

$$\Delta L = | L - L_{0} | \qquad (4 - 12)$$

式中:L 为实际测量值;L_{0} 为被测量真值。

被测量真值是未知的理想概念,因此测量误差也是一个理想概念。误差始终存在于一切观测实验中,任何测量都不可能避免地存在测量误差。在取得测量值的同时,对测量值可能含有误差的大小或范围做出估计,这样的测量结果才是完整而有意义的。基于这一认识,对于显微组织的金相定量分析通常要进行误差分析。

测量误差的来源可分为原理误差、制造误差和运行误差三大类。

(1) 原理误差。

原理误差是由于理论不完善或采取近似理论而产生的。它与制造精度无关,是由设计决定的。

(2) 制造误差。

由于材料、加工尺寸和相互位置的误差而产生的测量仪器、仪表误差统称为制造误差。制造误差是不可避免的,但并不是所有的零件误差都造成测量仪器误差,起主要作用的是构成测量键的零部件。

(3) 运行误差。

运行误差产生于测量时使用仪器仪表的过程中,主要有:① 变形误差;② 磨损引起的误差;③ 温度变化引起的误差;④ 间隙与空程造成的误差;⑤ 振动引起的误差等。

此外,还有对准误差(包括对准被测件和对准读数装置)和人员误差(包括操作人员业务素质的高低、连续工作的时间、固有习惯及情绪等）。

2. 误差的分类

按测量误差的特点、性质和规律以及对测量结果的影响方式，可将误差分为系统误差、随机误差和粗大误差三类。

1）系统误差

在同一条件下多次测量同一量值时，其绝对值和符号保持不变，或在条件改变时，其值按一定规律变化的误差称为系统误差。按出现的规律分为：① 定值误差（误差大小和方向为固定值）；② 变值系统误差（误差大小和方向为规律的变化值）。用实验分析方法求得系统误差，引入系统误差对测量结果予以修正，可以消除或减少对测量的影响。

2）随机误差（偶然误差）

在同一条件下，多次测量同一值时，其绝对值和符号以不可预定的方式变化着的误差称为随机误差。多次重复测量的随机误差总体存在着规律，可用概率论和统计分析来寻求和描述。

3）粗大误差（过失误差、疏忽误差）

明显歪曲测量结果的误差为粗大误差。该项误差是因测量人员的主观因素造成的。正确的测量结果中，不应该包含粗大误差的成分，应根据一定原则，从测量结果中剔除具有粗大误差的测量值。

3. 金相定量测量误差的统计分析

根据上面有关误差的理论不难看出，金相定量测量误差主要为随机误差。下面就随机误差统计分析展开阐述。

1）随机误差的分布规律

大量的测量实践表明，多数随机误差，特别是在多种均不占优势的独立随机因素综合作用下的随机误差，是服从正态分布规律的，其概率密度函数为

$$y = \frac{1}{\sigma \sqrt{2\pi}} e^{-\frac{\delta^2}{2\sigma^2}} \qquad (4-13)$$

式中：δ 为随机误差（真差）；y 为概率分布密度，可理解为随机误差 δ 在单位时间内出现的概率；σ 为均方误差；e 为自然对数的底，e＝2.718 28…。

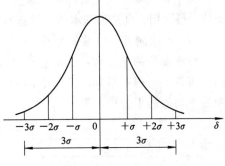

图 4-6　正态分布曲线

以 δ 为横坐标，y 为纵坐标，此概率密度函数的图形如图 4-6 所示，称为高斯曲线或正态分布曲线。该曲线反映出随机误差的以下基本特性：① 随机误差的集中性；② 随机误差的对称性；③ 随机误差的有限性；④ 随机误差的抵消性。

2）算术平均值原理

由于随机误差的存在，对某一值作多次重复测量所得的测量值必然互不相同。这时以所有的测量值的算术平均值作为测量结果才是最合理的。

（1）测量次数有限时的算术平均值 $\bar{x}$。

设 x_1，x_2，$\cdots$，x_n 为 n 次测量所得之值，该组测量值的算术平均值 $\bar{x}$ 为

$$\bar{x} = \frac{x_1 + x_2 + \cdots + x_n}{n} = \frac{\sum\limits_{i=1}^{n} x_i}{n} \tag{4-14}$$

设 δ_1，δ_2，$\cdots$，δ_n 为每次测量所产生的随机误差，若被测量的值为 L_0，则有

$$x_1 - L_0 = \delta_1$$
$$x_2 - L_0 = \delta_2$$
$$\vdots$$
$$x_n - L_0 = \delta_n$$

将上述 n 个式子相加得

$$\sum_{i=1}^{n} x_i - nL_0 = \sum_{i=1}^{n} \delta_i$$

$$\frac{\sum\limits_{i=1}^{n} x_i}{n} = L_0 + \frac{\sum\limits_{i=1}^{n} \delta_i}{n}$$

（2）测量次数无限大时的 $\bar{x}$。

根据随机误差的对称性，当 $n \to \infty$ 时，$\sum\limits_{i=1}^{n} \delta_i \to 0$，所以

$$\bar{x} = \frac{\sum\limits_{i=1}^{n} x_i}{n} \to L_0 \tag{4-15}$$

可见，随着重复次数的增多，其所有测量值的算术平均值最接近于真值，因此应该以算术平均值作为测量结果的理论根据。

3）标准偏差与实验标准偏差

为了判断随机误差对测量结果分散性的影响，有必要建立一项衡量测量精密度的数值指标。最常用、也是最基本的一种指标为标准偏差，亦称均方误差，即高斯方程中的 σ 值。

（1）单次测量的标准偏差。

标准偏差的定义为：在等精度的测量列中，即同一条件下所得一系列测量值中，各随机误差平方和的平均值的平方根，即

$$\sigma = \sqrt{\frac{\delta_1^2 + \delta_2^2 + \cdots + \delta_n^2}{n}} = \sqrt{\frac{\sum\limits_{i=1}^{n} \delta_i^2}{n}} \tag{4-16}$$

根据高斯方程可知，σ 值越小，则 e 的指数的绝对值越大，y 随 σ 的增加而减少得越快，即曲线越陡，与此同时，σ 越小，e 前面的系数值越大，从而对应于误差为零（$\delta=0$）处的纵坐标也越大，则曲线顶点越高（见图 4-7）；反之，σ 越大，则曲线变

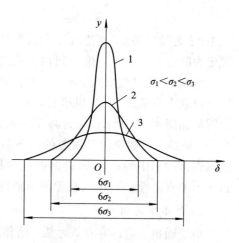

图 4-7　标准偏差的影响

化越平稳，曲线顶点也越低。

由此可见，标准偏差数值越小，测量列中小误差测量值的概率就占优势，且误差的分散范围也小，说明测量的可靠性大，即测量精度高；反之，σ 值越大，测量精度越低。因此，标准偏差用来作为评定测量精度的指标。若按式（4－16），则因其中的 δ 表示"真差"（即实际测得值与真值之差），而在一般情况下真值未知，所以不能直接按定义求出 σ 值。

（2）单次测量的实验标准偏差。

在实际测量中，要用剩余误差计算出标准偏差的估计值，称为实验标准偏差，用 s 或 σ_s 表示。根据误差理论：

$$s = \sqrt{\frac{\sum_{i=1}^{n} v_i^2}{n-1}} \qquad (4-17)$$

此式称为贝塞尔（Bessel）公式，根据它可由算术平均值的剩余误差求得单次测量的实验标准偏差。

应该指出，单次测量的实验标准偏差 σ_s 并非只测量一次就能得到。对于一定的测量方法或量仪，必须通过多次测试才能获得。一旦得出了 σ_s 值，在今后使用该量仪或测量方法时，σ_s 便为已知值，便能对单次测量给出精度。在有的仪器说明书里或手册表格中也给出了 σ_s 值。此时，在测量过程中可直接引用，而不必自己去求出。

4）测量误差的计算

测量误差的计算步骤如下：

（1）记录 n 次测试的数据：

$$x_1,\ x_2,\ \cdots,\ x_n$$

（2）计算出测量值的平均值：

$$\overline{x} = \frac{\sum_{i=1}^{n} x_i}{n}$$

（3）求出测量值的标准误差：

$$\sigma = \sqrt{\frac{\sum_{i=1}^{n} (x_i - \overline{x})^2}{n-1}}$$

（4）求出绝对统计误差（真值对平均值的误差）：

$$\delta = \frac{\sigma}{\sqrt{n}}$$

由上式可知，测量误差与测量次数有关，即测量次数越多，误差越小，测量数值的精确度越高。由于测量的数值都不是精确值，因此必须给出所测数据的精确度。根据测量要求的精确度可以确定所需测量的次数。

第5章　基于显微图像光电检测的金相定量分析

5.1　概　　述

现代金相显微镜的技术进步大大提高了金相定量分析的效率和测量结果的可信度，同时也大大减轻了劳动强度，使金相工作者告别暗室。

应用光电技术于金相显微镜是金相显微镜现代化的重要举措之一，也是金相显微镜视频化、数字化的基础；应用计算机技术于金相显微镜也是现代化的另一个重要举措，是实现金相显微镜自动化、智能化的前提。"图像传感器（CCD 或 CMOS）＋电脑"替代"目视＋人脑"，从而大大提升了金相定量分析的水平。

本节将论述金相显微图像光电检测原理、显微图像金相定量分析操作，并简单介绍作者所在的桂林电子科技大学光机电一体化科研团队将几何测量软件用于金相显微图像检测的情况。

要想把金相显微图像输入电子计算机，必须将光信号转化为数字化电信号。要实现这个目标，有两个途径：① 通过 CCD 相机借助视频技术构建视频图像系统；② 通过数码相机借助数码技术构建数码图像系统。

视频图像采集和数码图像采集的相同点是都需要光电转换器，使光学图像变成数字图像；不同点是视频图像采集数据小，约 30～40 万像素（近年来已达到百万像素），分辨率较低，能形成连续跟踪图像（每秒钟可采集 15～25 幅图像），可实现实时监控，摄录皆可，属动态图像，而数码图像采集的数据大，分辨率高（＞300 万像素），所获得图像清晰、逼真，特别是超高像素（＞1000 万像素）的数码图像采集，使金相显微组织图像的分辨率基本和胶卷照片同级，它是单张采集，不能实时跟踪，一幅图像需要几秒到几十秒才能完成，属静态图像。

一般来说，通过数码采集的图像的信息质量优于视频采集。但作为多媒体教学用的金相显微镜，主要使用 CCD 相机实施视频采集。显微镜通过光学接口、CCD、PC 和投影仪连接，把单人单机操作改装成单人操作、多人同时观察同一视场，为实验教学提供了很大的方便。

金相显微图像光电检测的优点如下：

（1）CCD 摄录数码摄影并打印出相片，可替代暗室操作，减少暗室中使用大量化学药品对环境和人身造成的污染和伤害，也使成像时间大大缩短，为金相检测技术提供了方便、快捷、无污染的良好条件。

（2）摄像总像素达 1600 万，有小幅面 90 mm×（70～120）mm×90 mm，并与显微镜同倍、同心、同焦、同向，打印相纸和一般打印纸的照片效果相同。

（3）随时储存大量有用的显微组织、缺陷组织及失效分析信息，同时可供多人对同一视场不同组织进行分析，消除人为因素造成组织上的判断失误。

（4）可在大屏幕显示器前由指导老师有针对性地讲授显微组织的组成、不同组织分析及相似组织识别等，大大提高了学生判断显微组织的准确性。

（5）桂林电子科技大学光机电一体化研究所与广西梧州澳特光电仪器有限公司产学结合研发了自动显微多媒体互动实验教学平台，使用这一新型的教学设备推行了一种全新的教学理念，即由教师个别手把手地教学生用显微镜进行微观形态观察，变为师生互动、图像共享、高效率的教学新模式。

5.2　金相显微图像光电检测原理

把光电技术应用于金相显微镜中，可使显微物镜的第一次像通过摄录光学接口投影到图像传感器（CCD 或 CMOS 或数字相机）光敏面上。图像传感器的功能是把光信号转变为电信号。这种电信号分为两种：一种是模拟信号，另一种是数字信号。前者要在输入电子计算机前经过图像采集卡，使之实现模/数（A/D）转换，而 CCD（或 CMOS）输出的数字信号则可直接输入电子计算机。

总而言之，必须将光电信号转化为数字信号才能被计算机分析和处理，在使用相应软件环境下，可对金相显微镜图像实现光电检测。图 5－1 所示为金相显微图像光电采集原理框图。

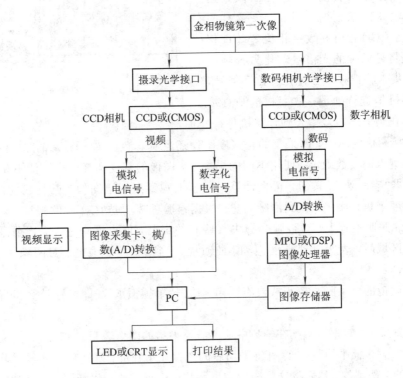

图 5－1　金相显微图像光电采集原理框图

5.3　显微图像的定量分析

MIAPS 软件是北京普瑞塞司仪器有限公司开发的金相图像分析系统,目前主要与其代理的蔡司显微镜配合使用,是材料科学和计算机技术结合的产物。MIAPS 金相图像分析系统的主要功能有:金相图像的采集存储与管理,金相图像的通用处理方法,金相图像的通用测量分析,金相图像的专用分析。专用分析模块均采用常用的金相检验标准,适合工业领域质量控制和材料科学研究的需要。本节将详细地介绍其使用方法。

5.3.1　显微图像的采集与保存

1. 显微图像的采集

金相组织的定量分析是在显微图像上进行的。采集显微图像是进行定量分析的第一步。目前普遍的做法是利用摄像头将来自显微镜的光学图像转换为视频图像信号,采集卡将图像信号数字化,使用软件对数字图像进行处理。图像采集的具体步骤如下:

(1)将制备好的金相样品放在显微镜上观察。

(2)打开显微图像分析软件,单击"图像采集"图标,打开"图像采集"窗口,如图 5-2 所示。

(3)在数据源列表框中,选择图像数据的来源,即输入图像数据的设备。一般有两种输入方式:CCD 相机和数字相机。CCD 相机的作用是将显微镜的光信号转化为视频信号,再由采集卡将视频信号转化为数字信号,输入到计算机里进行处理;数字相机则直接将光信号转化为数字信号输入到计算机进行处理。

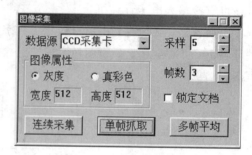

图 5-2　"图像采集"窗口

(4)选择图像的属性,即采集的是灰度图像还是真彩色图像。图像属性里的图像宽度和高度由采集卡的线数确定。使用不同的采集卡,图像的宽度和高度也可能不相同。

(5)单击"连续采集"按钮,可在计算机屏幕上观察到一幅图像。调整载物台,根据图像的清晰程度聚焦显微镜,直到清晰为止。根据检验的需要选择合适的视场,调整视场的照明。视场的照明不宜太暗,否则会损失某些暗的细节,但也不宜过亮,当前采集图像文档出现红色区域时,表明出现亮度饱和,此时应适当减小照明强度。对图像调节满意后,执行下列操作:

如果显微镜的背景噪声较小或没有噪声,单击"单帧抓取",即可在计算机屏幕上采集一幅图像。

如果背景噪声影响较大,则在帧数中填入需要平均的图像数目(帧数的取值范围从 1 到 255),然后单击"多帧平均",计算机将平均后的图像显示在屏幕上。使用多帧平均功能采集同一视场中的多幅图像,然后将这些图像加以平均,从而得到一幅新图像。该功能可以减少由 CCD 相机的电平不均匀引起的电子噪声。平均的图像数越多,电子噪声影响越小。

2. 显微图像的保存

图像采集完成后，单击保存图标，窗口弹出保存文件对话框，为图像命名，单击保存按钮。如不改变路径的话，图像缺省保存在 MIAPS/IMAGE 目录下。在"文件"菜单下，单击"保存"也可以保存图像。

同时系统自动将图像以相同的文件名保存在原始图像备份库。原始图像备份库具有可读属性，用户不能对备份库内的文件进行写操作。当用户采集的图像在处理过程中由于误操作造成图像丢失或无法恢复原貌时，只需到原始图像备份库中将该图像拷贝到 MIAPS/IMAGE 目录下，便可以继续处理。同时还可将原始图像备份库内的图像文件刻录到光盘进行永久备份。

如果需要调入显微图像进行处理，操作步骤如下：单击工具栏的打开文件图标或在文件菜单中单击"打开"，弹出"打开图像文件名"对话框。在对话框中选中图像文件名，单击打开按钮，该图像便显示在系统工作区。

5.3.2 显微光电系统定标

1. 定标原理

在显微光电测量系统中，试样的显微组织经过显微物镜、镜筒透镜（辅助物镜）、CCD 传感器、显示器等环节的放大，最后在显示器上显示出来。由于每个环节准确的放大倍率不容易得到，所以无法计算出显示器上显示图像的准确放大倍率。此外，在定量金相分析中，经常要进行各种几何尺寸的测量；但是，我们对显微图像进行测量时，得到的结果是像素值，并不能根据含有多少个像素来确定具体的尺寸，还必须将像素的数量换算成具体的尺寸值。

用定标的方法很容易解决上述两个问题。我们将物体的实际长度称为物理长度，将显微光电测量系统测得的该物体的像素值称为视长度。系统定标的实质就是找出物理长度与视长度之间的关系。常用的定标方法是标准件定标，即将一个已知物理长度为 L 的标准物体作为被测对象，使用显微光电测量系统测出该物理长度的视长度 M。将物理长度 L 除以视长度 M，可得到每个像素值所代表的物理长度值，从而达到系统定标的目的。计算公式如下：

$$d = \frac{L}{M}$$

式中：d 为每个像素值代表的物理长度值，单位为 mm；L 为已知的物理长度，单位为 mm；M 为已知物理长度对应的视长度。

d 值就是系统的尺寸定标值。尺寸定标值是显微图像系统的重要技术指标，该值直接影响图像分析及图形测量的结果。

2. 定标方法

定标通常使用单位标尺：在平板玻璃片上将 1 mm 的长度等分为 100 份，在每个等分点刻制标线，相邻两根标线之间的距离为 0.01 mm。

定标的具体操作过程如下：

（1）确定定标的放大倍数，此处以 100× 为例。

（2）把单位标尺放在显微镜下观察，调整清晰后拍照存入计算机中，此图像即为标尺图像文件。

（3）在菜单栏中选择"标定标尺"项，打开"标定标尺"对话框，见图 5-3。

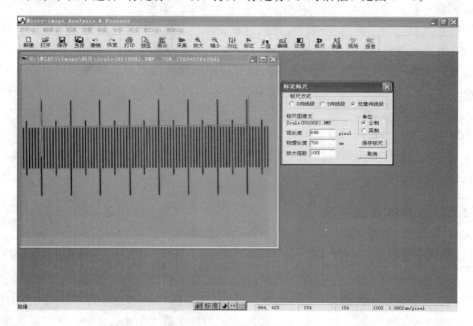

图 5-3　"标定标尺"对话框

（4）单位标尺在显微镜下水平放置时，在标尺方式中选择"X 向线段"；垂直放置时，选择"Y 向线段"；任意放置时，选择"任意向线段"。

（5）打开标尺图像文件，系统自动填入标尺图像文件名。

（6）在标尺图像中，按住鼠标左键会出现卡尺，将此卡尺卡住单位标尺上一定的长度，系统自动测出该长度的视长度。

（7）在"物理长度"显示框中输入所测量部分的实际长度值，单位是微米（μm）。在"放大倍数"显示框中输入放大倍数 100。

（8）单击"保存标尺"，完成 100× 下的标定标尺操作。

其他放大倍数下的标定标尺的操作与此相同。

3. 选定标尺

选定标尺的过程，就是将前面标定的比例关系调入测量系统，用作后续测量基准的过程。调入标尺就是调入以前保存的标尺文件，用于设定当前的放大倍数；加载标尺就是用选定的标尺文件及设定的参数，计算当前视长度和物理长度的关系（标尺），调入系统用作后续测量的基准。

（1）在"选定标尺"对话框中，单击"调入标尺"，打开在标定标尺过程中保存的标尺文件。系统自动将参数填入到"当前标尺文件"中。

（2）"当前放大倍数"用于输入待测图像在显微镜下的放大倍数。此时在标尺显示区出现该放大倍数下的标尺。

（3）单击"加载标尺"，出现"加载标尺数据到系统？"的提示，单击"确定"。计算机自动将此标尺加载到系统中。关闭对话框。

（4）如不需要标尺，单击"卸载标尺"，系统将卸载标尺文件。

加载标尺后，如果在测量过程中改变了显微镜的放大倍数，则需要重新在选定标尺处修改当前放大倍数，使之与当前显微镜放大倍数相同，并重新加载标尺。"选定标尺"对话框如图 5-4 所示。

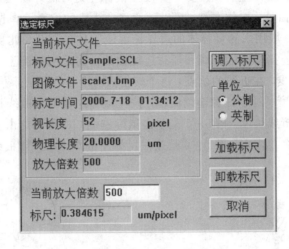

图 5-4　"选定标尺"对话框

5.3.3　金相显微图像的几何量测量

金相显微图像的几何量测量是定量金相分析的重要内容。几何量测量包括对长度、角度、面积等参数的测量，如对片状石墨的长度、珠光体的片间距、马氏体板条束的宽度、某个区域的面积的测量等。

在进行几何量测量之前，首先要进行标尺标定和标尺选定，如果没有这两步操作，测量结果显示的只是像素值，而不是物体的实际长度或面积。

在分析软件的界面，调入需要进行测量的显微图像，单击工具栏的"测量"图标，打开几何量测量窗口。窗口分为上下两个部分：上部显示几何量类型，下部是记录数据的数据栏。其中，几何量测量的类型可简单分为长度测量、角度测量、区域测量三种。

1.　长度测量

系统提供了 X 向线段、Y 向线段、任意向线段、折线等测量类型，用户可根据需要任意选择长度测量类型，设定测量范围。

（1）X 向线段测量：用来测量图像横向直线的长度。单击 X 向线段，将鼠标移至图像上，在测量开始位置单击左键，并按住左键沿 X 方向一直拖动到测量终点位置，可以看到这条线段被两条 Y 向的直线卡住，用户可以沿这两条直线上下调整线段的位置。将鼠标箭头放在图像空白处，按住左键，就可以随意移动线段的位置。单击右键进行测量，系统会将线段标注在图像上，并显示测量线的名称。

（2）Y 向线段测量：用来测量纵向直线的长度。选择 Y 向线段，测量方法与 X 向线段相同。在测量开始位置单击左键，并按住左键沿 Y 方向一直拖动到测量终点位置，这条线段被两条 X 向的直线卡住，沿这两条直线可以左右调整线段的位置。将鼠标箭头放在图像空白处，按住左键，就可以随意移动线段的位置。单击右键进行测量，系统会将线段标注在图像上，并显示测量线的名称。

（3）任意向线段测量：用来测量任意方向的直线长度。测量方法与前两种测量方法相同，只不过确定测量开始位置后，只要一直按住鼠标左键，就可以任意调整线段方向。将鼠标箭头放在图像空白处，按住左键，可以随意移动线段的位置。单击右键可进行测量。

（4）折线测量：一般用来测量物体的边界长度或物体的周长。此功能可以测量两种折线的长度：由直线段连接构成的折线和任意连续曲线。在几何量类型中选择折线，对于由直线段连接构成的折线，在折线的始点、每个转折点、终点单击鼠标左键即可描绘出折线，单击右键测量折线长度；对于任意连续曲线，按住鼠标左键沿着曲线移动画出光滑的曲线边界，单击右键测量折线长度。图 5-5 是单击鼠标左键 6 次得到的由直线段连接构成的折线，图中已经标明每个单击点。图 5-6 是按住鼠标左键画出的连续曲线。

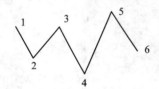

图 5-5　鼠标单击六次画出的折线　　　图 5-6　按住鼠标左键画出的连续曲线

2. 角度测量

角度测量用于测量显微图像上各种组织形成的角度。在几何量类型中，选择"角度"，在显微图像上需要测量角度的位置，在夹角的顶点、夹角的两边依次单击鼠标左键一次，系统自动标注出角度。将鼠标箭头放在图像空白处，按住左键，就可以随意移动角度的位置，单击鼠标右键即可测量角度大小。

3. 区域测量

区域测量用来测量面积的大小，也称面积测量。此功能一般用来测量图像上单个物体的面积。在几何量类型中选择"区域"，然后用鼠标在图像上画出测量区域，具体画法和折线相同，但是必须画封闭的区域。画法如图 5-7 和图 5-8 所示。

图 5-7　单击鼠标左键 6 次画出的五边形封闭区域　　图 5-8　按住鼠标左键画出的封闭区域

如果对所绘区域感到满意，单击右键即可测量出所绘区域的面积。

图 5-9 是在系统中测量长度、角度、面积的示例。

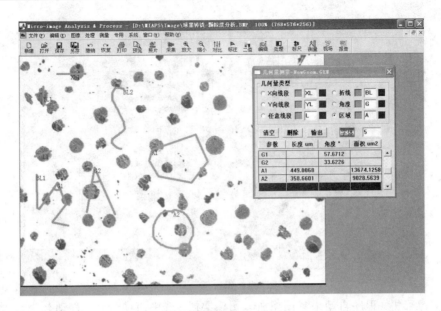

图 5 - 9　测量长度、角度、面积的示例

5.3.4　金相显微图像相含量的测量

金属材料中，相含量分析对控制材料的质量至关重要。对于生产单位，通过准确测量不同相的含量，可以指导生产并制订出合理的热处理工艺，以达到控制材料质量的目的；对于接收单位，通过检验有害相和有益相的含量，可作为钢材验收的重要依据。下面以在两相组织中测量第二相含量为例，介绍金相显微图像中相含量的测量方法。

金属材料中，第二相颗粒对材料的性能影响很大，对第二相的检测也是材料检测的一个重要方面。利用"第二相面积含量测定"软件可以精确测量多个视场中第二相面积百分含量。例如，测量铁素体-珠光体钢中珠光体的含量，高碳钢中索氏体、铁素体的含量，钢中屈氏体的含量，高碳钢中残余奥氏体的含量等。

下面以测量低碳钢退火组织中一个视场的珠光体含量为例说明测量操作步骤。在实际应用中，往往要作多个视场的测量。

（1）在分析软件的界面，打开低碳钢退火组织显微图像，根据图像的放大倍数选定标尺，将标尺加载到系统中，否则测量的数据将是像素面积，而不是实际面积。

（2）在"专用"菜单的下拉菜单中，单击"第二相面积含量测定"，弹出第二相面积含量测定专用软件窗口，如图 5 - 10 所示。

在第二相名中输入珠光体。

在窗口内共有 7 项运行步骤和 2 个运行按钮。在执行整体运行前必须选择本次要执行的步骤，选择方法如下：

将鼠标光标移到屏幕的右边窗口中最左边一列的复选框"□"内，按下鼠标左键，当"□"中出现"√"时即选中了此项，当"□"内没有"√"时，为没有选中此项，程序运行时将不运行该步骤。

各个步骤的功能如下：

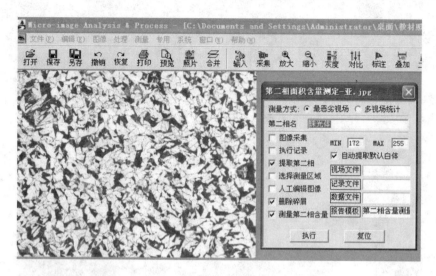

图 5 - 10 第二相面积含量测量专用软件窗口

① 图像采集：程序自动采集图像放入图像文档。选中该项步骤，移动载物台可连续采集图像，程序按图像采集窗口设置的属性采集图像。

② 执行记录：如果选取该项，必须调入记录文件，程序执行时，将按照记录文件的参数自动对图像进行相应处理。此功能选项主要用于同批试样的测量。在测量第一个试样时，用户使用相应的通用处理工具，对图像进行预处理、提取，使用记录管理器自动记录处理过程参数，存储到记录文件中。在做同批次其他试样的测量时，选用此记录文件，可实现快速处理测量。

如果在记录文件中包含了背景校正、提取第二相、删除碎屑、填充 α-相孔洞等操作步骤，在测量窗口中就不应选择此项。

③ 提取第二相：阈值分割操作，即二值化过程，将灰度图像转化为二值图像，从图像中提取第二相。一幅有多种灰度级别的第二相图像经过该功能处理后，得到一幅只有黑色（或白色）第二相、白色（或黑色）背景的图像。必须在窗口的 MIN 和 MAX 处填入阈值分割的门槛值。在有些情况下，第二相中会有一些孔洞，需要人工编辑图像。

④ 选择测量区域：如果选取该项，则需选择测量区域；如果不选取该项，则系统默认对整个视场进行测量。

⑤ 人工编辑图像：即在用户控制下手工对没有分开的第二相进行修改。该步骤包括以下操作：修改图像——对没有分割出来的第二相进行手动提取；画线分割——对没有分割开的第二相进行分割。

⑥ 删除碎屑：删除细小的杂质。选中该项，在执行操作时系统自动删除提取过程中出现的孤点。

⑦ 测量第二相含量：对第二相含量进行测量。此项为必选项，否则无法得出测量结果。

在窗口右侧还有 4 个按钮，其功能分别如下：

① 视场文件：单击视场文件按钮，可以调入视场文件。如不设定视场，系统默认测量视场为整个当前图像。

② 记录文件：单击视场文件按钮，可以调入记录文件，程序执行时，将按照记录文件的参数自动对图像进行相应处理。

③ 数据文件：选中该项，并在"数据文件"中设置输出数据文件名，则系统在执行测量时自动将测量结果以文本形式输出到该数据文件，用于排版打印或作进一步分析。

④ 报告模板：单击该按钮选取相应的报告模板文件，生成检测报告。在测量前应设计报告模板，测量结果将按报告模板的格式输出测量数据。

（3）以上各项选择完毕后，单击"执行"，系统按上述选项处理图像，测量第二相，按设定的报告模板生成检测报告，如图 5－11 所示。

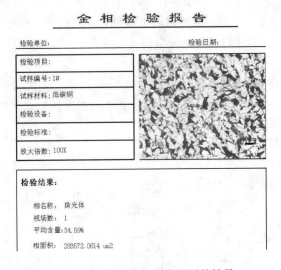

图 5－11　第二相面积含量测量结果

5.3.5　金属平均晶粒度的测定

1. 金属平均晶粒度测定的标准规定

晶粒度是晶粒大小的量度。通常使用长度、面积、体积或晶粒度级别数来表示晶粒的大小。使用晶粒度级别数表示的晶粒度与测量方法和计量单位无关，是目前使用最普遍的晶粒度表示方法。

金属平均晶粒度测定依照 GB/T 6394—2002《金属平均晶粒度测定方法》的规定进行。标准规定了以下三种测定的基本方法：

（1）比较法：通过与标准系列评级图对比来评定平均晶粒度，评级图为标准挂图或目镜插片。比较法适用于评定具有等轴晶粒的再结晶材料或铸态材料。当晶粒形貌与标准评级图的形貌完全相似时，评级误差最小。对于等轴晶粒组成的试样，使用比较法评定晶粒度既方便又实用，对于批量生产的检验，其精度也足够了。

（2）面积法：通过计算给定面积网格内的晶粒数 N 来测定晶粒度。将已知面积（通常使用 $A = 5000 \text{ mm}^2$）的圆形测量网格置于晶粒图形上，选用网格内至多能截获不超过 100 个晶粒（最好为 50 个晶粒左右）的放大倍数 M，计算完全落在测量网格内的晶粒数 $N_内$ 和被网格切割的晶粒数 $N_交$，该面积范围内的晶粒数 N 为

$$N = N_{内} + \frac{1}{2}N_{交} - 1 \qquad (5-1)$$

通过测量网格内晶粒数 N 和观测用的放大倍数 M，可计算出实际试样面上每平方毫米面积内的晶粒数 n_a，计算公式为

$$n_a = \frac{M^2 \cdot N}{A} \qquad (5-2)$$

通过实际试样面上每平方毫米面积内的晶粒数 n_a 可算出晶粒度级别数 G：

$$G = 3.321\ 928\ \lg n_a - 2.954 \qquad (5-3)$$

（3）截点法：通过计算给定长度的测量线段（或网格）与晶界相交截点数 P 来测定晶粒度。比较法测定晶粒度方法简便，但测定精度较低；面积法测定精度较高，但比较麻烦；截点法的精度与面积法相当，但比面积法简便。在有争议时，截点法是所有情况下仲裁的方法。

截点法有直线截点法和圆截点法。圆截点法能自动补偿偏离等轴晶而引起的误差，克服了测量线段端部截点不明显的缺点，作为质量检测评估晶粒度的方法是比较合适的。测量时通常使用 500 mm 测量网格，如图 5-12 所示。

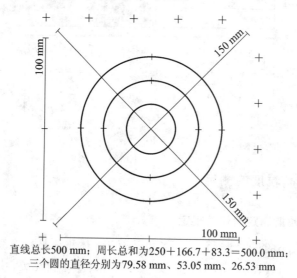

直线总长 500 mm；周长总和为 250+166.7+83.3＝500.0 mm；
三个圆的直径分别为 79.58 mm、53.05 mm、26.53 mm

图 5-12　截点法用 500 mm 测量网格

通过测量线段长度 L、观测用的放大倍数 M 和测量网格上的截点数 P 来计算平均截距 $L_{平}$：

$$L_{平} = \frac{L}{M \cdot P} \qquad (5-4)$$

通过平均截距 $L_{平}$ 计算晶粒度级别数 G：

$$G = -6.643\ 856\ \lg L_{平} - 3.288 \qquad (5-5)$$

2. 金属平均晶粒度的自动测定

金属平均晶粒度测量专用软件是按照标准中截点法的规定编写的。其操作方法如下：

（1）在分析软件的界面，打开低碳钢的退火组织显微图像，根据图像的放大倍数选定标尺，将标尺加载到系统中。

（2）在"专用"菜单的下拉菜单中，单击"金属平均晶粒度测量"，弹出金属平均晶粒度评级窗口，如图 5-13 所示。

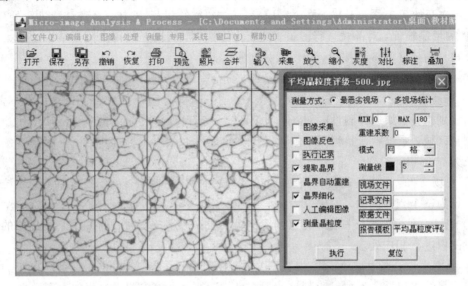

图 5-13　金属平均晶粒度测量专用软件窗口

在图 5-13 所示窗口内，共有 8 项运行步骤和 2 个运行按钮，在执行程序前必须选择本次要执行的步骤，选择方法如下：

将鼠标指针移到屏幕的右边窗口中最左边一列的复选框"□"内，按下鼠标器的左键，当在"□"中出现"√"时即选中了此项，当"□"内没有"√"时，为没有选中此项，程序运行时将不运行该步骤。各个步骤的功能如下：

① 图像采集：程序自动采集图像放入图像文档。选中该项步骤，程序按图像采集窗口设置的属性采集图像。如果用户选择多视场统计方式，移动载物台可连续采集图像。

② 图像反色：图像灰度求反，即黑白反转，求得原图的负像。该评级软件约定晶粒为白色，晶界为黑色。如果要分析的图像的约定晶粒和晶界的灰度关系与约定的关系相反，则需选用此功能对原图像求反，这样，后续的处理才能正常进行。

③ 执行记录：如果选取该项，必须调入记录文件，程序执行时，将按照记录文件的参数自动对图像进行相应处理。此功能选项主要用于同批试样的测量，在测量第一个试样时，用户使用相应的通用处理工具，对图像进行预处理、提取，使用记录管理器自动记录处理过程参数，存储到记录文件中。进行同批次其他试样的测量时，选用此记录文件，可实现快速处理测量。

④ 提取晶界：阈值分割操作，即二值化过程，从图像中提取晶粒。一幅有多种灰度级别的晶粒图像经过该功能处理后，会得到一幅只有白色的晶粒与黑色的晶界的二值图像。必须在窗口的 MIN 和 MAX 处填入阈值分割的门槛值。

⑤ 晶界自动重建：选择此项，同时应在重建系数中填写数值，系统将根据提取出来的晶界自动描绘出清晰的晶界。

⑥ 晶界细化：将晶界细化处理，最终得到宽度为一个像素的晶界，以方便测量。

⑦ 人工编辑图像：由于某些情况下重建或细化得到的晶界在局部与原图中的晶界会

出现偏差，或制样没能使有些晶界显现出来，这时就需要人工修整晶界，即在用户控制下手工对没有连接的晶界进行修改或删除多余的晶界。在单击"执行"后，将在"编辑图像"处停止，用户开始手工修改晶界。修改完毕后，单击"继续执行"按钮，系统继续进行处理。

⑧ 测量晶粒度：对晶粒进行测量。此项为必选项，否则无法得出测量结果。

在窗口右侧还有 6 个按钮，其功能分别如下：

① 模式：选择测量模式，如水平线、网格等。

② 测量线：选择测量所需的直线条数。平均晶粒度采用一条或若干条直线截取晶粒，计算出级别指数。如选择测量区域，则测量区域的宽度即为测量线的长度；如果用户没有选择测量区域，系统默认整幅图像的宽度作为测量线长度。按标准规定，一般选择测量线的总长为 500 mm。

③ 视场文件：单击视场文件按钮，调入视场文件进行测量。如不设定视场，系统默认测量视场为整个当前图像。

④ 记录文件：单击该按钮，可以调入记录文件，程序执行时，将按照记录文件的参数自动对图像进行相应处理。

⑤ 数据文件：选中该项，并在"数据文件"中设置输出数据文件名，则系统执行测量时自动将测量结果以文本形式输出到该数据文件。该处也会输出测量过程的中间数据。

⑥ 报告模板：单击该按钮，选取相应的报告模板文件，生成检测报告。在测量前应设计报告模板，测量结果将按报告模板的格式输出测量数据。软件提供了相应的报告模板，用户也可以在报告模板生成器中设计自己风格的报告模板。

（3）以上各项选择完毕后，单击"执行"，系统按上述选项处理图像，测量平均晶粒度，按设定的报告模板生成检测报告，如图 5 - 14 所示。

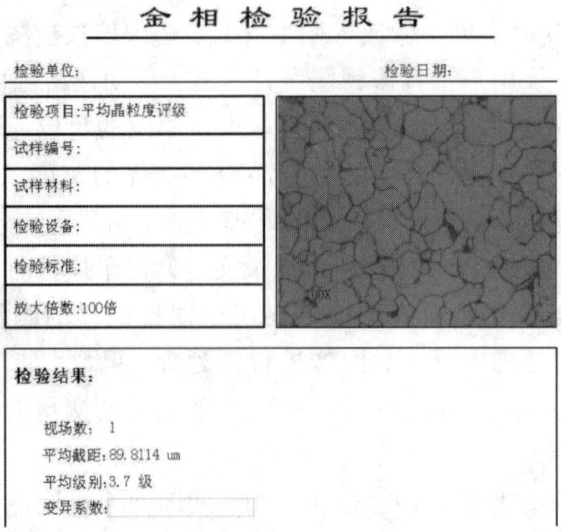

图 5 - 14　金属平均晶粒度测量结果

第二部分

宏观组织的低倍显微分析

第 6 章 现代金相显微分析装备(Ⅱ)

伴随着社会经济建设发展以及科技进步，人们已不满足于单靠裸眼来观察和鉴别金属断口、焊接质量及进行硬度检测，于是借助低倍显微镜类的仪器来实现宏观组织的观测，低倍显微分析技术应运而生。低倍显微分析技术与相关的仪器相辅相成，推进了金相显微分析领域的技术进步。本章主要介绍体视显微镜和 20 世纪 90 年代以来迅速发展至今方兴未艾的新仪器——连续变倍单筒视频显微镜，以及近年作者研发的硬度压痕光电检测装置。

6.1 体 视 显 微 镜

6.1.1 概述

体视显微镜是使双眼从不同的角度观察物体从而产生立体感觉的双筒显微镜。它有较长的工作距离(一般为 35～630 mm)，配有消色差或复消色差物镜，放大率较小(因放大率过大时景深小，体视感就会丧失)，显微镜总放大率最大为 320×，具有成正像的特点。

体视显微镜常用斜射光和透射光(明场或暗场)照明物体。可将其用于生物学、医学临床观察，在电子、LED、手机制造等产业中可用于检查电器元件及集成电路，也可用于刑事犯罪案件的侦破、文物和艺术品的鉴定等。另外，该显微镜增加了偏光附件，可对各种矿物、晶体等进行鉴定。

我国体视显微镜的发展大致可以分为两个阶段。在 20 世纪五六十年代体视显微镜的性能特点是间隔变倍，变倍挡次可达 5 挡，体视显微镜放大倍数最高达 4×，目镜采用 25×，仪器最大放大倍数达 100×。这种体视显微镜的性能有其局限性：首先倍数选择不方便、受限制，另外物镜倍数偏低，分辨率不高，25×目镜结构复杂，成品质量不好。随着技术的不断进步,在20世纪70年代初,我国出现了连续变倍体视显微镜,由于它具有明显优于间隔变倍型体视显微镜的技术性能,因而受到了用户的欢迎,很快在体视显微镜领域占据主导地位。体视显微镜有两种基本形式:一种是有一组物镜,中间像平面平行于物镜的平面;另一种是由格里诺发明的双晶成对物镜,这对物镜完全相同,其光轴夹角一般在11°～14°之间,特点是容易校正色差,成本较低。

目前国内大部分显微镜生产厂大批量生产的是1×～4×或0.7×～4.5×的格里诺式连续变倍体视显微镜。

连续变倍系统最初用于体视显微镜。表6-1列出了从第一台连续变倍显微镜问世以来,世界上几个厂家生产的带连续变倍系统的体视显微镜。这些显微镜都是机械补偿系统。连续变倍范围最高为7∶1,最高数值孔径大于等于0.1。这个数值基本可视为当时世界上的先进水平。到了20世纪90年代,不少企业把无限远像距光学系统、平行光路等技术应用于连续变倍体视显微镜之中,使其性能与质量有了很大的提高,出现了像日本尼康(Nikon)SMZ1500型和奥林巴斯(OLYMPUS)SZX12型等杰出代表,这些产品代表了当今连续变倍体视显微镜的世界最高水平。值得指出的是,国内的厂家虽与国外水平有一定差距,但也有长足的进步。

表6-1　国外厂家早期及目前生产的体视显微镜

生产年代	生产厂及国家	连续变倍范围	最大数值孔径	备　注
1956	Bausch&Lomb,美国	4∶1	0.06	
1962	Nikon,日本	5∶1	0.07	
1962	OLYMPUS,日本	4∶1	0.06	
1968	Zeiss,德国	7∶1	0.06	
1968	Bausch&Lomb,美国	6∶1		
20世纪90年代至今	OLYMPUS,日本	12.86∶1(0.7×～9×)	0.275	SZX12,∞像距
	Nikon,日本	15∶1(0.75×～25×)		SMZ1500,平行光路
	北京泰克公司,中国	8∶1(0.62×～5×)		SM8,平行光路
	桂林光学仪器厂,中国	8.3∶1(0.6×～5×)		XPZ803,平行光路
	梧州光学仪器厂,中国	6.5∶1(0.7×～4.5×)		XTL-2000/3000
	麦克奥迪(Motic)中国	5.2∶1		K-700L 平行光路

表6-1所列的数值孔径值均为基本显微镜的,但在体视显微镜中往往同时设计一组附加大物镜,这些大物镜可以是正焦距的(加倍附加物镜),也可以是负焦距的(减倍大物镜)。其通光孔径应能同时包含基本显微镜的两个物镜。这种物镜一般都设计成消球差、色差的双片或三片光组。当应用加倍附加大物镜时,将增加显微镜的倍率和数值孔径,但缩短了工作距离。左右两对称光轴在物空间的会聚角也因之增大,加强了体视效应,使平的物体看上去好像是凸的。应用减倍附加大物镜时,效果与此相反,即使得倍率和数值孔径减小,但加长了工作距离。两个轴在物空间的会聚角减小,体视效应减小,体视效应减弱,使平的物体看上去好像是凹的,成了碟形。

6.1.2　体视显微镜的光学系统结构

1. 体视显微镜的分类

体视显微镜分为有级变倍和无级变倍两种形式。它的正像系统一般采用带屋脊角的施密特棱镜或普罗棱镜。

1）有级变倍体视显微镜

这种显微镜总的放大率有两种变换形式：一种通过更换物镜和目镜来实现（物镜有 1×、2×、4× 等，目镜有 10×、15× 等）；另一种通过变换物镜分挡的变倍系统和目镜来实现，其光学系统图如图 6-1 所示。变倍系统放大率可为 0.63×、1×、1.6×、2.5×、4× 等。

2）连续变倍体视显微镜

如图 6-2 所示，该显微镜的光学系统由物镜、连续变倍系统和目镜组成。物镜垂轴放大率有 0.5×、2× 等；连续变倍系统变倍比为 0.7×～4.5×；目镜有 10×、15×、20×、33×。

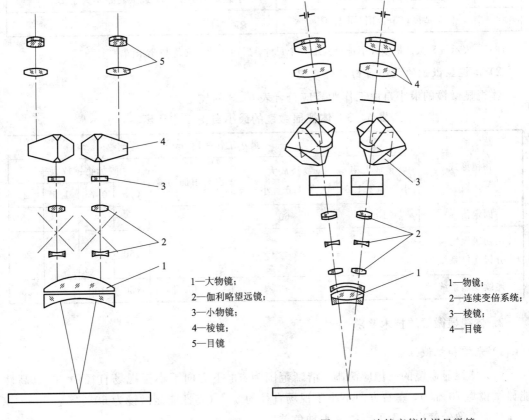

1—大物镜；
2—伽利略望远镜；
3—小物镜；
4—棱镜；
5—目镜

1—物镜；
2—连续变倍系统；
3—棱镜；
4—目镜

图 6-1　有级变倍体视显微镜的光学系统　　　图 6-2　连续变倍体视显微镜

2. 附件

中、高级体视显微镜除备有斜射光照明装置外，还可配有透射光（明视场和暗视场）照明装置、描绘装置、摄影装置（包括自动曝光装置）、电视装置、偏光装置等。

6.1.3 体视显微镜的基本参数和技术性能

据 GB/T 19864.1—2005《体视显微镜 第 1 部分：普及型体视显微镜》和 GB/T 19864.2—2005《体视显微镜 第 2 部分：高性能体视显微镜》归纳出以下体视显微镜的基本参数和技术性能。

1. 体视显微镜的基本参数

1）体视显微镜的参数规格

显微镜的基本参数应符合表 6-2 的规定。

表 6-2 体视显微镜的参数规格

序号	参数名称	规　　格
1	目镜和目镜筒的连接尺寸/mm*	ϕ30(30.5)F8/h8, ϕ23.2 F8/h8, ϕ34 F8/h8
2	目镜放大率	根据 GB/T 9246 的规定选择
3	双目瞳距调节范围/mm	最小瞳距不小于 55，最大瞳距不大于 75
4	目镜适度调节范围/屈光度	+5～-5

注：* 表示按显微镜机型大小选择其中一个尺寸。后面 * 的含义均与此相同。

2）体视显微镜的最小自由工作距离

体视显微镜的最小自由工作距离应符合表 6-3 的规定。

表 6-3 体视显微镜的最小自由工作距离

物镜形式	最小工作距离/mm						
	物镜放大率 小于等于1.6	物镜放大率 大于1.6且小于4	没有附加物镜	附加物镜放大率			
				0.5	0.75	1.5	2
固定倍率	100	60	—	—	—	—	—
公用初级大物镜的分级变倍系统	—	—	90	150	100	40	25
连续变焦系统	—	—	85	150	100	40	25

2. 体视显微镜的技术要求

1）光学和机械性能

（1）体视显微镜的成像应清晰。清晰范围为：上下方向不小于视场直径的 60%（高性能显微镜为 70%*），左右方向不小于视场直径的 50%（高性能显微镜为 60%*）。

色差：像轮廓边缘无可察觉的垂轴色差*。

（2）体视显微镜总的放大率误差应不超出±10%（高性能显微镜为±7.5%*）。

（3）左右光学系统的放大率误差不应大于 2%（高性能显微镜为 1.5%*）。

（4）左右光学系统的光轴应相交于物面上同一点，该物点的像在左右视场内对应位置应一致，其不一致性要求为：上下方向不大于 0.2 mm，左右方向不大于 0.4 mm。

（5）左右光学系统的光轴应相交于物面上同一点，该物点发出的光束经左右光学系统出射的光束方向偏差见表 6 - 4。

表 6 - 4　左右光学系统出射光束的方向差

观察系统两目镜筒轴线方向	上下方向	左右方向
平行	15'	会聚 30'
不平行	15'	发散 60'

注：在瞳距为 65 mm 条件下测量。

（6）左右光学系统像面位置差不应大于 2°。

（7）物镜为倍数可变换的体视显微镜。在变换不同倍数的物镜后，原视场中心物点的像在像面内的偏移量如下：

连续变倍型体视显微镜偏移量≤0.4 mm；

有级变换型体视显微镜偏移量≤1.2 mm；

物镜卸换型体视显微镜偏移量≤2.5 mm。

（8）左右光学系统各倍物镜应齐焦，从高倍至低倍不需调焦，仍能看清物体轮廓。

（9）物镜视场中心的分辨率应不小于 1200NA 线对/mm。

（10）左右光学系统聚焦差应小于 1.5D_F。景深 D_F 的计算公式为

$$D_F = \frac{\lambda}{2NA^2} + \frac{1}{7M_总 \cdot NA} \tag{6-1}$$

式中：λ 为波长；NA 为数值孔径；$M_总$ 为总视放大率。

（11）视度在零位置时，左右光学系统出瞳高度差应不大于 1.5 mm。

（12）视度在零位置时，屈光度零位置标准误差应不超出±0.25 屈光度 *。

（13）显微调焦机构应稳定，不应由于本身质量或附加装置的质量而有自行下降的现象。

（14）显微镜各可运动部分的移动或转动应平稳舒适，定位明显，没有滞涩和急跳现象。

（15）照明装置应保证在视场范围内照明均匀并有足够的亮度。

（16）显微镜光学系统内部应清洁，视场内不应有显著的和影响观察的弊病。

2）电气安全性能

（1）带有电气设备的显微镜在试验电压升至如表 6 - 5 所示的规定值时保持 1 min，无击穿和飞弧现象。

表 6 - 5　显微镜试验电压的规定值

工作电压 U/V	试验电压/V
100＜U≤150	1000
150＜U≤300	1500

（2）显微镜在常温常湿条件下的泄漏电流不应大于 1 mA。

（3）带有电源输入插口的显微镜，在插口中的保护接地点与保护接地的所有其他部件

及金属部件之间的阻抗不超过 0.1 Ω。

3）仪器外观

（1）电镀表面不应有脱皮、斑点和色泽不均匀等现象。

（2）漆面色泽应均匀，不应有脱漆、损伤痕迹及有碍美观的瑕疵。

（3）零件表面不应有毛刺，外部零件锐变应倒棱，相互接合处应齐整。

（4）显微镜上的标记、刻字、刻线应清晰明显。

4）运输环境条件

显微镜在运输包装条件下的环境模拟试验应按 JB/T 9329 的规定设计。通常选用：高温为＋55℃，低温为－40℃，自由跌落高度为 250 mm，交变湿热试验相对湿度为 95％。

6.1.4　体视显微镜的产品结构和使用方法

下面以广州粤显光学仪器有限公司生产的 XTL－201 连续变倍体视显微镜为例，说明体视显微镜的产品结构和使用方法。

1. 仪器特点与应用

XTL－201 连续变倍显微镜是一种放大倍数连续可变、形成正立体像的光学仪器，配置长工作距离成像系统、大视野目镜，可提供卓越的光学与机械操作性能，是医药学、生化遗传学研究的重要工具，也可供加工业、电子等行业进行产品检验，以及各类院校进行相关教学、实验研究使用。

2. 仪器结构特征

XTL－20 连续变倍显微镜的结构如图 6－3 所示。

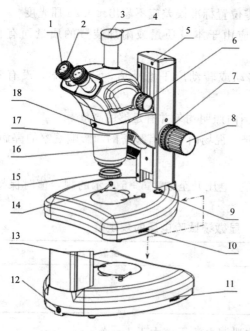

1—目镜；
2—视度调节环；
3—防尘盖；
4—锁紧螺钉；
5—上光源电源插头；
6—变倍手轮；
7—锁紧手轮；
8—调焦手轮；
9—电源开关；
10—透射光亮度调节旋钮；
11—反射光亮度调节旋钮；
12—电源插孔；
13—台面板；
14—标本夹；
15—附加物镜(选配)；
16—反射照明(带灯罩)；
17—三目镜体；
18—镜体锁紧螺钉

图 6－3　XTL－20 连续变倍显微镜的结构

3. 技术指标

XTL-20连续变倍显微镜的技术指标如表6-6所示。

表 6-6　XTL-20 连续变倍显微镜的技术指标

主要参数	总放大倍数		7×～63×(标准配置)		
目镜	平视场大视野目镜	WF 10X	视场 φ22 mm	目镜接口 φ30 mm	齐焦距离 10 mm
三目镜	铰链双目,观察角度为45°,瞳距为55～75 mm,左右目镜筒都有视度调节装置,调节范围为-5～+5				
光学系统技术规格	附加物镜		总放大倍率		工作距离/mm
	/		7×～63×		110
	0.5×		3.5×～31.5×		
	1.5×		10.5×～94.5×		
	2×		14×～126×		
透射照明	光源		3W LED/30W 卤素(选配),亮度可调		
反射照明	光源		3W LED/30W 卤素(选配),亮度可调		
主机电源	输入为适配交流电压85～265 V, 50 Hz/60 Hz,输出为12 V				

4. 使用方法

1) 打开照明开关并进行亮度调整

打开图6-4中显微镜电源总开关4(将开关拨至"-"处),表示照明系统开始工作。旋转调光旋钮5、6可以调节反射光/透射光的亮度,使视场亮度适合目视观察,反射照明3的角度可以调节。若使用附加照明装置(环形光管、环形LED照明器等),可将装置紧固在物镜筒7上。

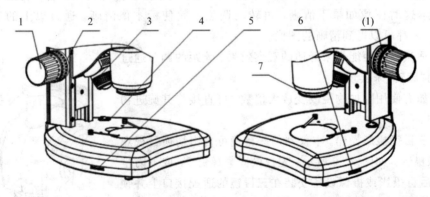

1—调焦手轮;2—松紧调整手轮;3—反射照明;4—电源总开关;5、6—调光旋钮;7—物镜筒

图 6-4　照明调节

注意:尽量不要使调光旋钮长时间处在最亮位置,以免降低灯泡使用寿命!不使用仪器时宜将调光旋钮调至低位,这样有利于保护仪器的电器功能。

2）调焦装置的调整

（1）调焦由位于架身两侧的调焦手轮1实现，旋转手轮可实现镜体下降和上升。

（2）仪器在出厂之前，调焦手轮已经预设到一个松紧程度适中的位置。如果希望调节其松紧，可以调节松紧调整手轮2，顺时针旋转可以使调焦手轮旋转时变轻，反之则使调焦手轮旋转时加重，见图6-5。

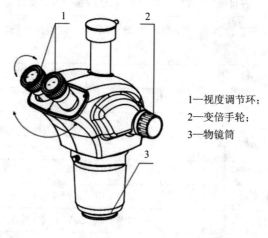

1—视度调节环；
2—变倍手轮；
3—物镜筒

图6-5 变倍观察

3）变倍观察操作

通过调节位于目镜筒上的视度调节环1（见图6-5），可以修正不同使用者的双眼视度差异。

（1）将右目镜筒的视度圈转到"0"位，观察右镜筒并旋转变倍手轮2到7×处。旋转调焦手轮使标本成像清晰；观察左镜筒，旋转左目镜筒的视度调节圈到标本像清晰为止；旋转变倍手轮到0.7×处，如果图像不清晰，先不要调节调焦手轮，观察右镜筒并调节右视度调节圈使图像清晰，再观察左镜筒并调节左视度调节圈使图像清晰；然后转动变倍手轮到7×处，这时图像如果不清晰，再转动调焦手轮使标本像清晰。通过以上的调节，从0.7×到7×都可以得到清晰的图像。

（2）适当的瞳距能带来舒适的观察效果。瞳距的调节通过双目镜筒"旋转"来实现。

（3）如需使用附加物镜改变放大倍数，可直接将其旋进物镜筒3中。

（4）三目镜摄影操作。本仪器的三目镜可自由切换目视观察与显微摄影。如图6-6所示，先拧松固紧螺钉2，取下防尘盖1，然后将摄影或摄像设备安装在三目镜的适配接口上并锁紧固紧螺钉2。用双目镜观察试样，并调焦使成像清晰，然后将目视/摄影切换拉杆3拉出，便可在显示设备上显示试样的显微图像，如图像不清晰可微调与手轮适配的CCD接头（可调试）。为了保证双目观察与三目观察图像显示方向一致，可能需要调整摄影或摄像设备的安装方向。

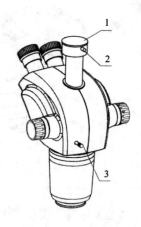

图6-6 显微摄影

5. 仪器保养与维护

（1）主机电源开关为供电控制，当观察完毕暂停使用时，将开关"O"按下，切断电源，以免仪器内电气元件仍处于工作状态。长期不用时，应将电源适配器插头从电源插座中拔出并妥善保管好各种连接线。

（2）仪器应保持清洁，可用清洁纱布（或绸布、脱脂棉）蘸少许乙醇将镜头上的油与机身清擦干净，待其完全冷却、干燥后罩上防尘罩。

（3）用吹风球吹去或用软刷拭去镜头上的灰尘；重的污垢、指印可用镜头纸或软布蘸少许酒精与乙醚的混合液轻轻擦试（两者混合比约为酒精 20%～30%，乙醚 70%～80%）。

注意：一般情况下按如图 6-7 所示的方向由中心向外擦拭镜片表面较易擦拭干净。

（4）仪器表面可用清洁的软布擦拭，重的污垢可用中性清洁剂擦试。

（5）长时期不用显微镜时，请关掉仪器电源，灯泡充分冷却后，将显微镜的防尘罩罩上，存放在干燥、通风、清洁且无酸碱蒸汽的地方，以免镜头发霉。

（6）为保持显微镜的性能，应对仪器进行定期检查和维护。

图 6-7　擦拭镜头

6.2　连续变倍单筒视频显微镜

6.2.1　概述

近十年在工业显微镜产品领域出现了一种新型机型——连续变倍单筒视频显微镜，它和体视显微镜一样属于低倍率的显微镜。从一定意义上讲，它由"体视显微镜单支＋CCD＋显示器"构成。人们观察目标物时常希望能看到目标物的全貌，由于这种显微镜观察直观、便捷、价格低廉，可在一定程度上减轻操作人员的劳动强度，因而这种显微镜目前已成为电子器件、LED 和手机等精加工行业生产线上的主要装备之一，并有逐步取代体视显微镜的态势。值得指出的是，质量优良的连续变倍显微镜作为"机器视觉"光学系统是近十年发展起来的，其功能与工具显微镜——"影像测量仪"的成像部件相仿，并得到了广泛的应用。

本书作者带领桂林电子科技大学的科研团队和梧州市澳特光电仪器有限公司通过产学研合作，研发出了多种连续变倍单筒显微镜。其中，大变倍比 DT20 型（见图 6-8）和大视场、长工作距离 BF120 系列（见图 6-9）颇具特色。这两款产品主要的技术性能分别如表 6-7 和表 6-8 所示。

图 6-8 DT20 型显微镜　　　　　　　　　　图 6-9 BF120 系列显微镜

表 6-7 DT20 型大变倍比连续变倍显微镜的主要性能指标

型　号	变倍比/变倍范围	工作距离/mm	配(1/3)″CCD 对角视场范围/mm	配 17″显示器总放大倍率
DT20	1∶10/0.2×～2.0×	110±2	φ30.0～φ3.0	4.2×～42×

表 6-8 BF120 系列大视场长工作距连续变倍显微镜的主要性能指标

型号	变倍比/变倍范围	工作距离/mm	配(1/3)″CCD 对角视场范围/mm	配 17″显示器总放大倍率
BF120A	1∶6.4/0.07×～0.45×	250±3	φ85.0～φ14.7	1.5×～9.5×
BF120B	1∶6.4/0.1×～0.64×	250±3	φ60.0～φ13.3	2.1×～13.5×

6.2.2　变焦距(变倍)光学原理

1. 基本原理

变焦距物镜利用系统中两个或两个以上透镜组的移动，改变系统的组合焦距，同时保持最后的像面位置不变，使系统在变焦过程中获得连续清晰的像。变焦距物镜的最大焦距 f'_{max} 和最小焦距 f'_{min} 之比称为镜头的变焦比，即 $M = f'_{max}/f'_{min}$。因为焦距变化会引起倍率的变化，所以变焦比又称变倍比。

变焦距或变倍率常基于成像的一个基本性质——物像交换原则。透镜在相隔一定间隔的两个平面 A 和 A' 之间，有两个位置可以使该两平面互为物像关系，如图 6-10 所示。其放大倍率分别为 β 和 $1/\beta$，即当一个位置成缩小像时，另一个位置成放大像。当透镜自位置 1 移到位置 2 时，放大率就在 $\beta \sim 1/\beta$ 之间连续变化。所以，该透镜称为变倍组或变焦组，用 L_2 表示。如果在位置 1 之前加一前固定组 L_1，使被摄目标成像于变倍组的物平面上，A'_1 作为变倍组的虚物被变倍组成一虚像于 A'_2，再在变倍组位置 2 之后加一后固定组 L_3，使虚像 A'_2 最后成为实像 A'_3，如图 6-11 所示，这样就组成了一个变焦距物镜。在图 6-11 中，上面所画的是最短焦距情况，下面所画的是最长焦距情况。当孔径光阑置于后固定组前面位置时，在变焦过程中能够保持相对孔径不变，上述第二个要求可以满足，但是第一个要求不能满足，因为只有在倍率互为倒数的两个位置上才具有共同的像面，为其他倍率时，像面位置会变化。图 6-11 中左边的虚线和右边的实曲线就是经变倍组合和经后固定组后的像面位置变化曲线，像面位置是变化的，这是不允许的。所以，必须采取措施来补偿像面位置变化。现有的补偿方法有光学补偿和机械补偿两种。可以是正光组补偿，也可是负光组补偿。

连续变倍光学系统有多种结构，因为相对孔径小，一般采取三组元(可能有或无光焦度，即是否平行光出射)和四组元结构。

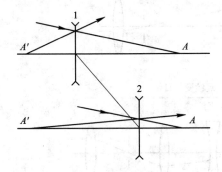

图 6-10　互为物像关系分析

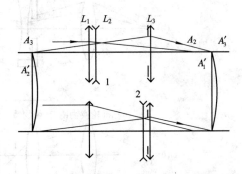

图 6-11　变焦物镜最短焦与最长焦位置

2. 对变焦(变倍)光学系统的基本要求

(1) 在变焦过程中，像面位置保持不变。

(2) 在变焦过程中，相对孔径一般保持不变。

(3) 各级焦距均具有满足要求的成像质量。

6.2.3　连续变倍显微光学系统

近年来连续变倍光学系统的应用领域不断拓展，已从最早的变焦距摄影物镜发展到连续变倍显微光学系统、望远光学系统和聚光照明系统，下面仅就连续变倍显微光学系统展开阐述。

1. 连续变倍显微光学系统的类型

连续变倍显微光学系统可以作为一个独立的光学部件，如上述的变焦距摄影物镜。然而当它应用于显微系统时，往往总是组合于系统中与目镜耦合起来，具有连续变倍物镜或连续变倍目镜的功能。图 6-12 所示是常用的几种类型，归纳起来为连续变倍物镜系统和连续变倍目镜系统。

图 6-12(a)是连续变倍显微镜的一种形式。这种形式在低倍时，变倍系统的第一个透镜移向物镜，而高倍时远离物镜。物镜的有效数值孔径随着放大率的变化而线性地或几乎线性地变化。光阑就安放在连续变倍系统的一个透镜组上。在高倍时，正好全部利用了数值孔径；在低倍时，变倍系统的第一个透镜组移向物镜，通过物镜的边缘光线便不能进入变倍组，使数值孔径变小。这种系统的物镜需要进行专门设计，其像差应与连续变倍系统的像差平衡。

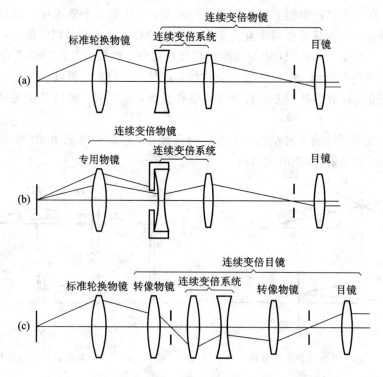

图 6 - 12　连续变倍显微系统

图 6 - 12(b)是另一种简单的连续变倍显微镜，其变倍系统的第一组也作为物镜应用，其上也附有一个移动光阑以控制有效数值孔径。

图 6 - 12(c)是一种连续变倍目镜显微镜，这种连续变倍系统用于大型研究用显微镜和金相显微镜中。采用这种结构可使物镜和目镜间的距离大大加长，以利于操作(如更换分划板，更换显微摄影胶卷)和增加一些内部附件(如相衬板、高倍体视镜等)。由于本系统在物镜和目镜焦平面间构成了一个中间像，因此最后由目镜看到的是与标本一致的正像。图 6 - 12(a)、(b)所示的两种显微镜均构成倒像系统。

目前图 6 - 12(a)和(b)所示显微镜是我国应用于显微光学系统的经典类型。

2. 连续变倍显微光学系统的变倍原理

我国目前的连续变倍体视显微镜是参照日本奥林巴斯(OLYMPUS)厂家体视显微镜(日本特许昭 43 - 18355)发展起来的，其光学系统如图 6 - 13 所示。连续变倍单筒视频显微镜的光学主体一般为体视显微镜的单支。

光线通过前固定组 L_1 形成平行光束射入连续变倍组，连续变倍系统由正双胶合 L_2 和负双胶合 L_3 构成。L_3 的功能是作为变倍组，其像面的移动由 L_2 的运动来补偿。连续变倍系统构成一虚像，因此需要由一固定前后组将此虚像成一实像，落在目镜的焦平面上。前组焦距为 100 mm，工作距离即为其前焦距。

光学系统组合焦距：

$$f'_{组} = \frac{f'_1 f'_2}{f'_1 + f'_2 - d} \tag{6-2}$$

式中，f'_1、f'_2 为单个透镜组焦距，d 为两透镜组之间的距离。要想使整个系统变焦，有两个办法：一是改变单个透镜组的焦距，二是改变透镜组的间隔。要按一定要求改变单个透镜组的焦距，在目前技术水平下是不可能的，因此可行的办法是改变透镜间隔 d。根据高斯光学原理，可推导出变倍系统的变倍数与各镜片参数、透镜组实际间隔的关系。为便于推导变倍关系，把光路化简为图 6-14。

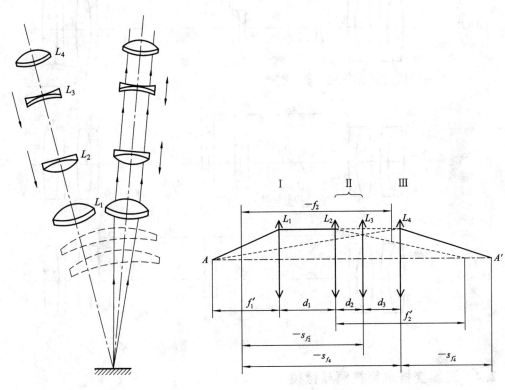

图 6-13　连续变倍体视显微镜
　　　　　的光学系统图

图 6-14　连续变倍体视显微镜薄
　　　　　透镜光路图

经推导，得出最后的关系式如下：

$$d_{2实} = f'_3 + f'_2 - \frac{f'_2 f'_3 \beta_4}{f'_1 \beta_{总}} - (f'_2 - s_{f_2}) - (f'_3 + s_{f_3}) \tag{6-3}$$

$$d_{3实} = f'_3 - s_{f_4} - \frac{f'_1}{\beta_4}\beta_{总} - (f'_3 - s_{f_3}) - (f'_4 + s_{f_4}) \tag{6-4}$$

式中，f'_1、f'_2、f'_3 和 f'_4 分别为 L_1、L_2、L_3 和 L_4 的焦距。L_1 和 L_4 是固定的，则其 $d_{1实} + d_{2实} + d_{3实} = A$ 为一固定值，求得 $d_{2实}$、$d_{3实}$ 的值，$d_{1实}$ 也就可以求得。

3. 典型光路简介

图 6-15 是本书作者设计的已商品化的 $0.7\times \sim 4.5\times$ 连续变倍显微镜的典型四组元结构。该结构是按传统的机械补偿以物像交换原则设计的变倍光学系统，补偿组曲线有拐点，导致像不稳定。据参考文献[19]的变倍原理，变倍时，非物像交换原则和物像交换原则共存。该结构由四个光组构成：由对称的两个相同的双胶合透镜组成前固定组Ⅰ；Ⅱ、Ⅲ为具有负光焦度的光组，既是变倍组，又是补偿组；后固定组Ⅳ为类似于前固定组Ⅰ的双胶合透镜结构，这种结构有利于校正垂轴像差，且工艺性较好，成本低。该连续变倍显

微镜光学系统在整个变倍过程中，其变倍组和补偿组按照一定规律往返交替地进行线性和非线性移动，从而达到既连续变倍、像面也始终不变的目的。

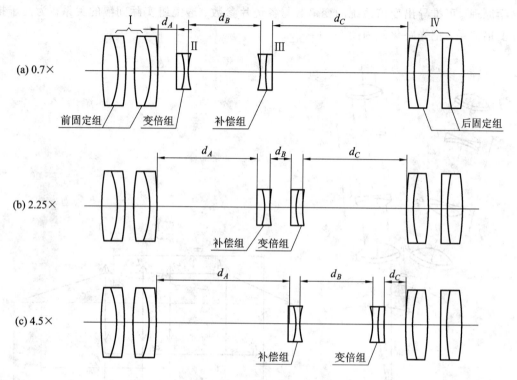

图 6-15　0.7×～4.5×连续变倍显微镜光学系统

6.2.4　连续变倍单筒视频显微镜

1. 概述

目前包括我国显微镜知名企业桂林光学仪器有限公司（原桂林光学仪器厂）、桂林迈特光学仪器有限公司、梧州奥卡光学仪器有限公司（原梧州光学仪器厂）在内的二十多家企业都以连续变倍单筒视频显微镜为主导产品，这些产品主要销往"珠三角"、"长三角"，也有一部分出口。在这些产品中量大面广的要数梧州市生产的"10A 型"，它质量优良，价格低廉，备受市场青睐。"10A 型"采用的是 0.7×～4.5×连续变倍光学系统的视频显微镜。如前所述，连续变倍单筒视频显微镜是"体视显微镜单支＋CCD＋显示器"构建而成的。现以由本书作者设计，由广西梧州澳特光电仪器有限公司生产的 DT-10 系列为例讲述这类显微镜产品的原理及使用操作。

2. 仪器成像原理及应用

DT-10 系列连续变倍单筒视频显微镜是一款基于低倍率融合光机电于一体的光学仪器。它将微小尺寸物体的影像经过连续变倍光学系统，导入图像传感器 CCD（或 CMOS），使光信号变为电信号：① 模拟量可直接通过监视器显示为放大正像；② 模拟量→图像采集卡→计算机屏显；③ 一般数字量输出的 CCD 通过 USB 接口把信息导入计算机后实现屏显。

由于视频显微镜结构简约，操作简单，使用方便，因此它从问世以来发展十分迅速。目前视频显微镜已经广泛应用于电子仪器、手机、LED 等产业，如各式各样的生产线上的检验、PVC 板检定、印刷电路板组件制造、质量检测等。

值得指出的是，与连续变倍单筒视屏显微镜适配的照明系统有同轴光内落射照明系统和外照明系统。后者主要有环形 LED 阵列、卤钨灯斜照明和荧光灯底光照明三种。

3. 仪器结构

DT-10 系列连续变倍单筒视频显微镜结构图见图 6-16。

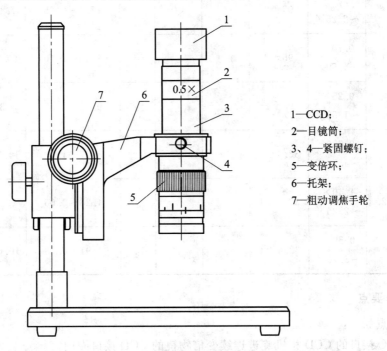

1—CCD；
2—目镜筒；
3、4—紧固螺钉；
5—变倍环；
6—托架；
7—粗动调焦手轮

图 6-16　DT-10 系列连续变倍单筒视频显微镜结构图

4. DT-10 系列连续变倍单筒视频显微镜的主要质量规范和主要性能指标

1）主要质量规范

因该类产品无国家、部门标准，故广西梧州市澳特光电仪器有限公司生产的 DT-10系列在相关主要技术指标上参照 GB/T 198641.1-2005《体视显微镜　第 1 部分：普及型体视显微镜》制订出如下主要质量规范，作为内控指标，以满足用户的使用要求。

（1）成像应清晰。成像范围为：上下方向不小于视场直径的 60％，左右方向不小于视场直径的 50％。

（2）总放大倍率误差应不超出 ±10％。

（3）各倍物镜应齐焦，从高倍至低倍不调焦（或微调焦），仍能看清物体轮廓。

（4）变倍时像平面的横向位移应不大于 0.4 mm。

（5）显微镜调焦机构稳定，不应由于本身质量或附加装置的质量而出现自行下降现象。

（6）显微镜各可运动部分的移动或转动应平稳舒适，定位明显，没有滞涩和急跳现象。

（7）照明装置应保证在视场范围内照明均匀并有足够的亮度。

（8）显微镜光学系统内部应清洁，视场内不应有显著和影响观察的毛病。

2）主要性能指标

DT‑10 系列的主要性能指标见表 6‑9。

表 6‑9 DT‑10 系列的主要性能指标

型号	物镜	变倍比/变倍范围	工作距离/mm	0.35×目镜	0.5×目镜	1×目镜	配 $\left(\frac{1}{3}\right)''$ CCD对角视场范围/mm	配17″显示器总放大倍率
DT‑10A (1/0.5)	1×	0.35×~2.25×	95±2		√		17.4~2.26	7.4×~4.73×
DT‑10B (1/1.0)	1×	0.70×~4.50×	95±2			√	8.40~2.40	14.7×~94.5×
DT‑10C (1/0.35)	1×	0.25×~1.58×	95±2	√			9.82~1.55	5.3×~33.2×
DT‑10D (2/0.5)	2×	0.70×~4.50×	32.4±1		√		8.57~1.33	14.7×~94.5×
DT‑10E (2/1.0)	2×	1.40×~2.25×	32.4±1			√	4.28~0.66	29.4×~189×
DT‑10F (2/0.35)	2×	0.50×~3.16×	32.4±1	√			4.91~0.78	10.6×~66.4×

5. 操作要点

操作要点如下：

（1）把 C 接口的 CCD 相机旋进连续变倍物镜的 CCD 接口圈内。

（2）物镜＋CCD 一起插入物镜托架上，用紧定螺钉固定好。

（3）通过调焦手轮对焦，此时监视器会显示清晰的影像。

（4）旋转变倍调节环，选取合适的放大倍率。

（5）调焦手轮与变倍调节环微调互动，直到得到满意的图像为止。

6.3 显微硬度检测装置

6.3.1 硬度和硬度试验

1. 硬度的定义

硬度是固体材料受到其他物体的力的作用，在其受侵入时所呈现的抵抗弹性变形、塑性变形及破裂的综合能力。电磁波硬度试验法和超声波硬度试验法属于间接的硬度试验法。电磁波硬度试验法是利用材料的磁性参数（剩余磁场、磁导率）与硬度的关系间接地得到材料的硬度。超声波硬度试验法是利用超声波传感器的测量杆振动频率随其材料硬度的不同而改变的特点来间接地得到材料的硬度。

"硬度"这一术语并不代表固体材料的一个确定的物理量，而是材料的一种重要的机械性能，它不仅取决于所研究的材料本身的性质，而且也取决于测量条件和试验方法。因此，各种硬度值之间不存在数学上的换算关系，只得到实验后所得的对照关系。

2. 常用硬度试验方法

硬度是衡量金属材料软硬程度的一种性能指标。硬度的试验方法很多，基本可分为压入法和刻划法两大类。压入法硬度值的物理意义是材料表面抵抗塑性变形的能力；刻划法硬度值的物理意义是材料表面抵抗局部断裂的能力。与其他机械性能试验相比，硬度试验简单易行，对零件损伤小，适用于成批检验；硬度值在一定条件下与强度等性能指标有一定的相关关系，可以由硬度值大致推测出其他强度值。因此，硬度试验在生产中被广泛应用。金属材料常用的硬度试验方法有布氏硬度、洛氏硬度和维氏硬度，下面分别介绍其测定原理。

1）布氏硬度（HB）

布氏硬度的测定原理是对直径为 D 的硬质合金球施加一定大小的试验力 F 将其压入试样表面，经规定保存时间后，卸除试验力，在试样表面将得到一个具有一定半径的球面压痕（见图 6-17）。压痕的表面积可以通过压痕的平均直径和压头直径计算出来。布氏硬度与试验力除以压痕表面积的商成正比，计算公式为

$$\mathrm{HB} = 0.102 \times \frac{2F}{\pi D(D - \sqrt{D^2 - d^2})} \qquad (6-5)$$

式中：HB 为用硬质合金球测试的布氏硬度；F 为试验力，单位为 N；D 为硬质合金球直径，单位为 mm；d 为压痕平均直径，单位为 mm。

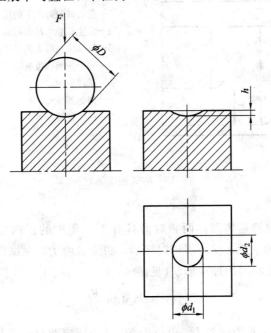

图 6-17　布氏硬度测定原理

式(6-5)中，只有 d 是变量，所以只要测出压痕的平均直径 d，根据已知的硬质合金球直径 D 和试验力 F，就可以计算出布氏硬度。在实际测量时，可由测得的压痕平均直径 d 直接查表得到 HB 值。布氏硬度值代表性全面，数据稳定，测量精度较高。由于其压痕面积较大，能反映材料表面较大范围内各组成相综合平均的性能数值，不受材质微小不均匀的影响，因此特别适合于灰铸铁、轴承合金和具有粗大晶粒的金属材料。但由于压痕较大，因此成品试验和薄件、小件试验有困难。布氏硬度的测量上限为 650 HB，硬度更高的材料无法测量。

2) 洛氏硬度(HR)

洛氏硬度的测定原理是将压头(金刚石圆锥、硬质合金球)按图 6-18 分两个步骤压入试样表面，经规定保持时间后，卸除主试验力，测量在初试验力下的残余压痕深度 h，再根据 h 及常数 N 和 S 计算洛氏硬度值。

洛氏硬度的计算公式为

$$HR = 100 - \frac{h}{0.002} \tag{6-6}$$

式中，h 为残余压痕深度，表示卸除主试验力后在初试验力下压痕残留的深度，单位为 mm。

洛氏硬度有许多不同的标尺，可以测出从极软到极硬材料的硬度；压痕小，对一般工件不造成损伤；操作简单迅速，可立即得出数据，生产效率高，适用于大量生产中的产品检验。但采用不同标尺测得的硬度值无法统一进行比较，且因压痕小，对于具有粗大组织结构的材料(如灰铸铁和粗晶材料等)，缺乏代表性，因此不宜采用此法进行试验。

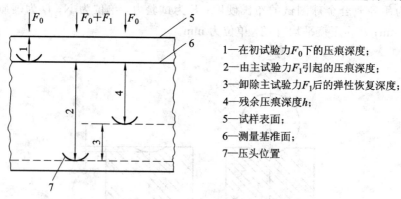

1—在初试验力 F_0 下的压痕深度；
2—由主试验力 F_1 引起的压痕深度；
3—卸除主试验力 F_1 后的弹性恢复深度；
4—残余压痕深度 h；
5—试样表面；
6—测量基准面；
7—压头位置

图 6-18 洛式硬度测定原理

3) 维氏硬度(HV)

维氏硬度的测定原理是将顶部两相对面具有 136° 角度的正四棱锥体金刚石压头用一定的试验力 F 压入试样表面，保持规定时间后，卸除试验力，在试样表面得到一个具有正方形基面并与压头角度相同的理想形状(见图 6-19)。可按下式计算出维氏硬度值：

$$HV = 0.189 \frac{F}{d^2} \tag{6-7}$$

式中：HV 为维氏硬度；F 为试验力，单位为 N；d 为压痕两对角线长度 d_1、d_2 的算术平均值，单位为 mm。

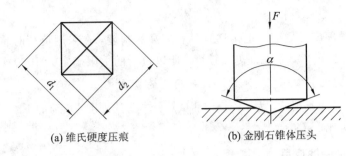

(a) 维氏硬度压痕　　　　　　(b) 金刚石锥体压头

图 6 - 19　维氏硬度测定原理

与布氏硬度和洛氏硬度相比,维氏硬度试验有许多优点:可以测出从极软到极硬材料的硬度,且不存在洛氏硬度采用不同标尺测得的硬度值无法统一进行比较的问题;试验力可以小至 10 g,压痕小,对一般工件不造成损伤,特别适用于测试薄小零件;压痕为具有正方形基面的锥体,轮廓清晰,采用压痕对角线长度进行计量,数据精确可靠;硬度值与试验力的大小无关,只要是硬度均匀的材料,压痕对角线长度在合理的范围内,任意选择试验力其硬度值均不变,相当于在一个很宽的硬度范围内具有统一的标尺。但维氏硬度试验操作比较繁琐,需要测量对角线长度,然后计算或查表获得硬度值,生产效率不如洛氏硬度试验高,所以不宜用于成批生产的常规检验。

6.3.2　显微硬度试验

通常把压入载荷大于 9.8 N(1 kg・F)时试验的硬度叫作宏观硬度,把负荷小于等于 0.2 kg・F(≤1.961 N)的静压力试验硬度称为微硬度。显微硬度是相对宏观硬度而言的一种人为的划分。

1. 显微硬度负荷范围界定依据

显微硬度计其负荷范围实质上包含了显微硬度试验(≤0.2 kg・F)以及低负荷硬度试验(0.2~5 kg・F),但其负荷级多数属于显微硬度试验。确定显微硬度负荷范围的依据如下:

1) 国内外的有关国家标准、工业标准和检定规程

(1) 美国国家标准 ASTM E384 - 84 中规定,显微硬度计的负荷范围为 1~1000 g・F(克・力)。

(2) 日本工业标准 JIS B7734 - 1983 中规定,显微硬度计的负荷范围为 10~1000 g・F(克・力)。

(3) 俄罗斯国家标准 ΓOCT9450 - 7C 中规定,显微硬度计的负荷范围为 5~500 g・F(克・力)。

(4) 我国的显微硬度计检定规程 JJG260-81 及专业标准 ZBY337-85 中规定负荷范围为 50~1000 g・F(克・力)。

2) 我国现有的国产或进口的显微硬度计负荷

除苏联生产的 ΠMT - 3 型外,我国现有的国产或进口的显微硬度计负荷均大于或等于 1000 g・F。

3）定量测试精度的要求

为了保证显微硬度计硬度值的传递及具有较高的精度，在采用负荷时希望能选择较大的负荷，得到较大的压痕，以保证测试精度，所以负荷的上限确定为 1000 g·F 是合适的。

4）金相试验及极小零件、极薄零件或表面处的需要

基于试验对象微小且很薄，为了能反应测试对象本身的硬度，负荷的下限要包括 50 g·F，这可以用作定性对比。

2. 显微硬度试验的应用

1）应用

（1）这是一种真正的非破坏性试验，其得到的压痕小，压入深度浅，在试件往往是非目力所能发现的，因而适用于各种零件及成品的硬度试验。

（2）可以测定各种原材料、毛坯、半成品的硬度，尤其是其他宏观硬度试验所无法测定的细小薄片零件和零件的特殊部位（如刃具的刀刃等），以及电镀层、氮化层、氧化层、渗碳层等表面层的硬度。

（3）可以对一些非金属脆性的材料及成品进行硬度测试，不易产生碎裂（如陶瓷、玻璃、矿石等）。

（4）可以作为金相显微组织研究的附件。通过对金相显微组织硬度的测定比较来研究金相组织。也可以作为矿相分析的辅助手段。

（5）可以对试件的剖面沿试件的纵深方向按一定的间隔进行硬度测试（即称为硬度梯度测试），以判定电镀、氮化、氧化或渗碳层等表面层的厚度。

（6）可通过显微硬度试验间接地得到材料的其他性能，如材料的磨损系数、建筑材料中混凝土的结合力、瓷器的强度等。

（7）所得压痕为菱形，轮廓清楚，其对角线长度容易测量，测量精度高。

2）显微硬度试验的制约条件及注意事项

（1）按仪器操作说明书，尽可能满足其使用条件（如防震）。

（2）试件不能太大，试件表面粗糙度大于等于 0.05 μm，且要进行多点试验，采集多个数据，才能保证结果可信。

（3）测试人员必须训练有素。

6.3.3　显微硬度检测装置

1. 常用显微硬度计及操作

常用显微硬度计按其结构特点可分为两类：一是专门的显微硬度计，二是金相显微镜上的显微硬度附件。苏联的 ПMT－3 型、国产的 HX－200 型和 HX－1000 型、日本的 MVK 型等均为专门的显微硬度计，哈纳门型显微硬度计则是作为特殊的附件装在 Neophot 及 MeF－3 型大型金相显微镜上使用的。

1）显微硬度计的基本结构

从功能分析看，显微硬度计是由能对试件施压及保压的负荷装置和显微光学系统装置

两大基本部分组成的。负荷装置的功能是将一定载荷加在特定的压头上,压入所确定的测试部位,并在规定时间内保压后卸荷;而显微光学系统装置用来观察显微组织,确定测试位置,测定压痕对角线的长度。

下面以苏联生产的 ΠMT-3 型显微硬度计为例说明显微硬度计的基本结构。图 6-20 所示为苏联生产的 ΠMT-3 型显微硬度计的外形。它由底座、载物台、显微镜、升降机构及加载荷机构等组成。载物台可以沿主轴旋转一个很大的角度,由显微光学装置观察到的组织通过载物台的旋转,恰好到压头下面,使加载后在选定组织部分得到一个显微硬度压痕。当载物台再回转到原来的位置后,可由显微镜的测量装置——测微目镜测出压痕对角线的长度。

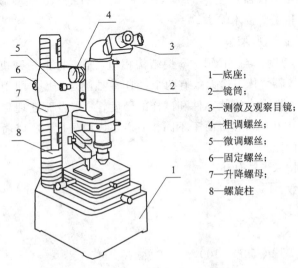

1—底座;

2—镜筒;

3—测微及观察目镜;

4—粗调螺丝;

5—微调螺丝;

6—固定螺丝;

7—升降螺母;

8—螺旋柱

图 6-20 ΠMT-3 型显微硬度计的外形和结构

(1) 加载荷装置。加载荷装置是仪器的重要组成部分。该装置安装在臂架上,与显微物镜相对称。如图 6-21 所示,立柱 1 由两个弹簧支片(3 与 4)支撑着,下端装入压头,荷重砝码套在立柱中部,立柱平时由托板托住。加载荷时,借旋转手柄 5 逆时针方向旋转而使托盘离开,立柱随之下降,载荷就通过压头加到试件上。

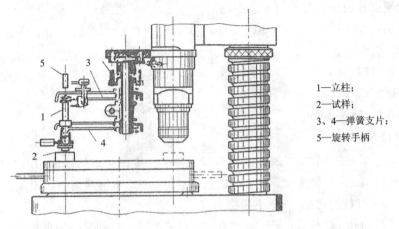

1—立柱;

2—试样;

3、4—弹簧支片;

5—旋转手柄

图 6-21 ΠMT-3 型显微硬度计的荷重机构

（2）显微光学系统装置。显微光学系统装置由物镜、目镜、调焦机构和聚光照明器组成。光学系统配有两个物镜 6.16× 和 23.2×，加上 15× 目镜，目视总放大倍率分别为 130× 和 485×。粗、微动调焦机构分开，粗动调焦用于显微镜操作时快速调焦，是借助于齿轮和齿条啮合运动实现的。微动机构对调整像的清晰度是十分必要的，尤其是对高倍镜头，这是因为其景深很小。微动机构传动比大，具有较高的微调精度，手轮读数格值为 0.002 mm。显微装置本体座上有用于观察的双目头，测量压痕时可改用 15× 的测微目镜，需记录测试结果时可调换用显微摄影装置拍照。

2）国产 HX-200 型和 HX-1000 型显微硬度计简介

现以原上海第二光学仪器厂生产的 HX-200 型和 HX-1000 型显微硬度计为例，介绍显微硬度计的用途和主要技术参数。

（1）HX-200 型显微硬度计。

HX-200 型显微硬度计与 ΠMT-3 型结构相似，是一种由精密机械、光学系统组合而成的材料硬度测定仪器，其用途大致有两个：① 单独测定硬度，即用于测定表面粗糙度 3.2 μm（▽ 0.9）以上的细小或片状零件和试样的硬度，测定表面处理零件及脆性材料的硬度；② 测定显微组织中相的硬度，由于不同相有着不同的硬度，所以通过显微硬度计来研究金属组织中各相的性能。

该显微硬度计的技术参数如下：

测微目镜放大倍数：15×。

物镜放大倍数：40×。

总放大倍数：600×。

加荷重量：10 g、25 g、50 g、100 g、200 g。

（2）HX-1000 型显微硬度计。

HX-1000 型显微硬度计是比 71 型显微硬度计更为高级的硬度计。它采用了新颖的结构和先进的电子技术，能自动变换负荷，用程序控制的微型电机进行全自动加卸负荷，应用石英晶体振动器来正确控制负荷保持时间。该硬度计带有摄影装置、Knoop 压头和多种装夹工具，负荷范围也大，因此用途较广。

该显微硬度计的技术参数如下：

负荷级别：机内 7 级，即 1000 g、500 g、300 g、200 g、100 g、50 g、25 g，外加 4 级，即 10 g、5 g、2 g、1 g。

负荷保持时间：5 s、10 s、15 s、20 s、30 s、45 s、60 s。

总放大倍数：150×、600×。

试样最高尺寸：75 mm。

3）显微硬度试验方法

（1）准备工作：安装物镜、螺旋测微目镜及压头；检查并调整压痕中心与视场中心重合；调整载荷机构。进行提前调整时，用铝制标准块调试，不加载荷打不出压痕，加零位校正砝码（0.59 g），以能够打出一个小压痕为宜。

（2）试样经加载、卸载后，转动载物台，在目镜中可观察到显微硬度的压痕。

（3）用螺旋测微目镜测定压痕对角线的长度。测量时，首先移动工作台，使试样压痕的左面两边与十字交叉线的右半边重合,记下测微鼓轮的指示数;然后转动鼓轮使十字交叉线的左半边与压痕的右面两边重合,记下测微鼓轮上的读数,两数之差为压痕对角线相对应的格数;之后再乘以鼓轮刻度值(放大 $48\times$ 时每格为 $0.3~\mu\mathrm{m}$)即得到压痕对角线长度。

一般是测两条相互垂直的对角线的长度取平均值作为压痕对角线的长度 d。

由压痕对角线的长度,通过式(6-5)~式(6-7)计算或查压痕对角线与显微硬度对照表(详见附录 D),即可得到显微硬度值。

2. 哈纳门(Henernan)型显微硬度计

本书参考文献 15 介绍了一种特殊的显微硬度计——哈纳门型显微硬度计,实际上它是大型卧式金相显微镜上的特殊附件,必须装在卧式金相显微镜上才能使用,不能单独使用。

图 6-22 所示是哈纳门型显微硬度计的外形图。它实质上是一个特殊的物镜,荷重机构与物镜组成一体,在物镜前透镜的中心镶嵌着一个维氏金刚石压头。物镜是复消色差物镜,由两片弹簧支承悬在镜体中央,这两片弹簧就是荷重机构的加力部件,借叶片弹簧的下压,力就加到维氏锥体上。弹簧片被压下距离越大,在试样上加的力也就越大,相应反射棱镜下沉越多,则照射在负荷标尺口上的光线下移越多,在目镜中可观察到负荷刻度标尺相应向视域上侧移动。

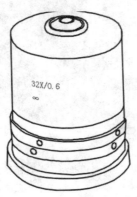

图 6-22 哈纳门型显微硬度计的外形图

3. 硬度压痕光电测量装置

本书作者于 2003 年获得某省部级项目的资助,作为子项目之一,曾主持设计研制出硬度压痕光电测量装置(科研样机)。该装置的原理是应用光电检测技术把显微物镜采集到的压痕成像于图像传感器 CCD(或 CMOS)上,从而把光信号转换为电信号,对于数字化图像传感器则可直接通过 USB 接口送入计算机中,利用图像处理软件可直接得出相应的硬度值,并打印出实验结果。很明显,借助这一专用装置可以简化操作,提高劳动生产率。

6.3.4 显微硬度计产品介绍

下面以国际名牌徕卡(Leica)公司生产的 VMHT30A/M 型"微处理器控制的具有可选自动炮塔的显微硬度仪"为例,介绍目前显微硬度计产品的仪器特色、应用及结构。

1. 仪器特色与应用

徕卡 VMHT30A/M 型显微硬度计的特色是：① 利用触摸屏给仪器下达指令后，仪器能自动地完成压痕全过程，并能自动示值，提高效率，减轻操作人员的疲劳强度；② 配备高低倍光学镜头。

该显微硬度计低倍 10× 用于较大范围搜索，40×、100× 用于测量。该显微硬度计不仅能用于金属及其组织的硬度试验，还能用于陶瓷制品、粉末冶金、集成电路芯片等非金属高分子的硬度鉴定。

2. 仪器的结构

徕卡 VMHT30A/M 型显微硬度计的外形如图 6-23 所示。

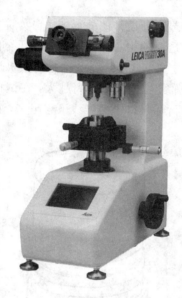

图 6-23　徕卡 VMHT30A/M 型显微硬度计的外形

第 7 章　硬度压痕尺寸光电测量

7.1　概　　述

硬度测量是指把一定的形状和尺寸的较硬物体(压头)以一定压力接触材料表面,测定材料在变形过程中所表现出来的抗力。例如,维氏硬度测定就是选用面夹角为 136° 的正方形地面的金刚石角锥,平稳地对试件施加载荷,保证 10～15 s,载荷精度高于 1%,卸载后测量压痕两对角线,取其平均值,按公式计算(或查表)得出硬度值。由此归纳出硬度试验的工艺流程图如图 7-1 所示。

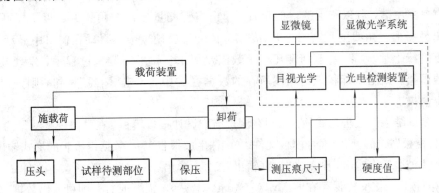

图 7-1　硬度试验工艺流程框图

从图 7-1 可直观地看出,硬度试验的工艺装备由载荷装置和显微光学系统两个部分构成。

7.2　基于金相显微镜的硬度压痕光电测量

在金相分析中,经常要了解金属显微组织中某一微小区域或某一组成相的硬度,这就需要进行显微硬度测量。显微硬度测量通常是指维氏硬度测量。从这个意义上说,显微硬度计可以是一个独立的仪器,也可以是金相显微镜的一个附件。对于后者,则用显微硬度计在需要测试硬度的区域打下压痕后,利用显微硬度测量专用软件进行测量。下面介绍使用北京普瑞赛司仪器有限公司开发的 MIAPS 软件金相图像分析系统来进行显微硬度测量。具体操作步骤如下:

(1) 在分析软件的界面,打开显微硬度压痕的图像,根据图像的放大倍数选定标尺,将标尺加载到系统中。

(2) 在"专用"菜单的下拉菜单中,单击"显微硬度测量",弹出显微硬度测量专用软件窗口,如图 7-2 所示。

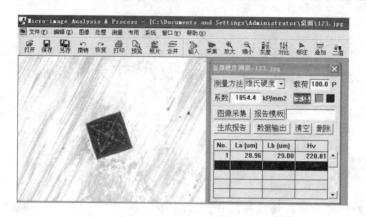

图 7 - 2　显微硬度测量专用软件窗口

（3）在测量方法中选择"维氏硬度"，在载荷中输入试验时所用载荷，用鼠标对准压痕的一个顶角，按住左键沿对角线方向拉出一线段，至对角处停止。这条线段被两条直线卡住，用鼠标左键移动线段上的两个小三角，可以任意调整线段方向。将鼠标箭头放在图像空白处，按住左键，可以移动线段的位置。单击右键测量出该对角线的长度 L_a，用同样的方法测出另一根对角线的长度 L_b。L_a 值、L_b 值和维氏硬度值会自动在窗口中显示。

反复进行上述步骤，直至所测压痕个数满足要求。如果在测量过程中，发现其中某一条对角线画错，则用鼠标将该对角线所在的数据栏选中，单击"删除"按钮，则该对角线会在图像上消失。

如果测量结果以报告形式输出，则在测量前应设计报告模板。在显微硬度测量的窗口中，单击"报告模板"按钮，选择报告模板文件。单击"生成报告"后，数据以报告的形式输出。如果测量结果以文本形式输出，则单击"数据输出"按钮，弹出一对话框，为该文本文件命名后，再单击"保存"按钮。该文件保存在 C:\MIAPS\data 目录下，需要时打开即可取出数据。

进行下一次测量时，需要将上次的测量结果清空，单击"清空"按钮，按上述步骤测量并输出数据。在清空前必须将上次的数据以报告形式或以文本形式输出，否则上次的测量结果将丢失。

7.3　硬度光电测量装置

根据 GB/T 231.1—2002《金属布氏硬度试验第一部分：试验方法》和 GB/T 4340.1—1999《金属维氏硬度试验第一部分：试验方法》的有关规定，对于金属布氏硬度（HB）和维氏硬度（HV）的试验，一个重要环节是测量压痕的几何尺寸，对于前者是测量压痕直径，后者是测量压痕对角线。传统的办法是用测微目镜读出压痕尺寸，通过查表得出硬度值。该办法存在着操作人员劳动强度大、因操作人员视觉疲劳会导致人为误差和无法直接读出试验结果等弊端。因此用光电测量替代目视检测势在必行。

1. 锚夹片专用维氏硬度光电检测仪

传统的维氏硬度计是由测量显微镜和加载装置组成的。测量显微镜的功能是对压痕进行观察并测定压痕对角线的长度。加力机构用于将载荷施加在正四棱锥型压头上，使压头压入试样的测试部位。近年来科技工作者对硬度测量压痕的测量作了不少新探索：通过线阵 CCD 扫描、光栅装置或面阵 CCD 细分技术等对显微镜放大后的压痕图像进行采集，把采集到的图像输入计算机后，用图像处理软件测量压痕对角线的长度，能快速地直接得到高精度的测量结果。这些新探索给我们的启示是：依托先进的光学成像、光电传感和计算机图像处理技术是可以实施硬度压痕光电检测的。

桂林电子科技大学、天津大学与梧州市澳特光电仪器有限公司共同承担广西科技攻关与新产品试制项目"预应力钢绞线应变智能监测及锚夹具质量在线检测装备"（桂科攻0718001.24）的研发任务。其中一个子课题是锚夹片硬度在线无损自动检测仪的研发。项目组选择了维氏硬度检测方法，自主研发出了一款光电测量装置，实施了对锚夹片硬度微压痕显微图像的自动检测。

该装置主要由成像光学系统、落射照明系统、图像传感器 CCD、实现模/数转换的图像卡、PC、LCD 显示和图像处理软件等七部分组成。其主要创新点是由高倍长工作距离平场半复消色差显微物镜和摄录物镜组成了先进的特型无限远像距光学系统，能便捷地采集到金刚石压头压入锚夹具表面的压痕图像，通过自主编制的图像处理软件实现了压痕图像处理和自动读数。

2. 通用型硬度试验压痕光电测量装置

以锚夹片专用维氏硬度光电检测仪为基础，通过不同放大倍率的物镜和投影物镜的光路组合，形成多个实际系统放大率和大小不同的物方视场，以适应大小不同的硬度压痕测量的需求，再辅以适配的图像处理软件，则可成为通用型的新型计量仪器。其结构如图7-3所示。

硬度压痕光电测量装置的光学性能见表 7-1 和表 7-2。

图 7-3　硬度压痕光电检测装置

表 7-1　布氏压痕光电测量装置光学性能表

序号	∞物镜名义放大率 /数值孔径	系统实际放大率 /物方视场直径(mm)	备　　注
1	1.25×/0.03	0.8×/6.00	① 用(1/2)″CCD;
2	1.6×/0.05	1×/4.80	② 0.8×、1×两系统为上接式定倍组合系统;
3	2.5×/0.08	1.6×/3.00	③ 其余∞物镜均可接于物镜转换器上，齐焦距为 60 mm;
4	4×/0.15	2.5×/1.92	④ 4×、10×、20×为长工作距离无限远像距平场半复消色差物镜;
5	10×/0.25	6.3×/0.76	⑤ 名义放大率指在辅助物镜(镜筒透镜)$f'_{辅}$＝250 mm 时的放大率
6	20×/0.45	12.5×/0.30	

表 7 - 2　维氏压痕光电测量装置光学性能表

序号	∞物镜名义放大率/数值孔径	系统实际放大率/物方视场直径(mm)	备　　注
1	4×/0.15	2.5×/1.92	① 用(1/2)″CCD;
2	10×/0.25	6.3×/0.76	② 所有∞物镜均可接于物镜转换器上,
3	20×/0.45	12.5×/0.30	齐焦距为 60 mm;
4	40×/0.60	25×/0.19	③ 所有物镜均为长工作距离无限远像
5	63×/0.80	40×/0.12	距平场半复消色差物镜;
6	100×/0.90(干)	63×/0.076	④ 名义放大率指在辅助物镜(镜筒透镜)$f'_{辅}$＝250 mm时的放大率

据 GB/T 231.1－2002,对布氏硬度压痕,直径适用范围规定为 $\phi 0.24$ mm～$\phi 6$ mm。据 GB/T 4340.1－1999,对维氏硬度压痕,对角线适用范围规定为 0.02～1.40 mm。由表 7-1、表 7-2 可见,硬度压痕光电测量装置的使用范围为 0.076～6 mm,涵盖了布氏、维氏硬度试验的全部范围。

3. 维氏硬度光电测量装置

1) 系统定标

下面以维氏硬度压痕光电检测为例展开阐述。

如前所述,系统定标的实质是找出光电测量系统中的像素与所测量实际尺寸之间的关系。具体地说,显微图像系统的尺度定标是指在一定放大倍数的情况下,对图像中目标与其所对应的景物中物体大小比例关系的确定,亦即尺度定标值 K 等于图像中相邻像素间距所对应的景物中物体的实际尺寸大小。设物体的实际长度为 L_0,显微系统放大倍数为 α,采样密度为 ρ_0,对应图像的长度为 n_α(像素点数),则系统定标值可表示为

$$K = \frac{L_0}{n_\alpha} \tag{7-1}$$

由式(7-1)可知,通过图像处理技术测出已知长度为 L_0 物体的像长 n_α 后,即可求出系统的尺度定标值 K。

系统标定之后,可很容易地得到每个像素点的实际尺寸,通过计算像素个数的办法就可以得到任意两个像素点之间的实际距离。比如,像素的大小即像素值为 0.1 μm,而某两个像素点之间有10个像素点距离,即像素个数为 10,那么这两个像素点的距离就是 $10 \times 0.1＝1$ μm。在本节中,我们将通过这种办法来求出对角顶点间的距离。

2) 定标步骤

本系统尺度定标按下列步骤进行:

(1) 采集 0.01 mm 刻度测微尺的显微图像。

(2) 通过图像处理技术得到测微尺的芯线。

(3) 利用芯线的坐标求出刻度线的相对距离 n_α。

(4) 根据刻度线的相对距离 n_α 和标尺板每格的实际间距 L_0,用式(7-1)计算 K 值。

在本设计中,由于像素的长和宽不一定大小一样,所以还必须对图片的横坐标和纵坐

标分别定标，定标之后将得到横坐标和纵坐标的两个定标值 K_x、K_y。在锚夹片的硬度计算中，在横坐标和纵坐标两个方向分别根据标定系数计算得到同一对角线的两个顶点的 x 和 y 方向的实际长度，从而可以得到对角线的实际长度。

设对角线两顶点坐标为 (x_1, y_1)、(x_2, y_2)，对角线在 x、y 轴投影坐标长度分别为 X、Y，对角线的实际长度为 L_x、L_y，则有如下关系：

$$X = x_2 - x_1 \tag{7-2}$$

$$Y = y_2 - y_1 \tag{7-3}$$

$$L_x = X \times K_x \tag{7-4}$$

$$L_y = Y \times K_y \tag{7-5}$$

由此可以求出对角线的长度为

$$L = \sqrt{L_x^2 + L_y^2} \tag{7-6}$$

记 L_{AC}、L_{BD} 分别为两条对角线的实际长度，则对角线平均长度为

$$d = \frac{L_{AC} + L_{BD}}{2} \tag{7-7}$$

得到对角线平均值 d 之后即可根据公式计算工件的实际硬度值。

用本仪器采集到的标尺如图 7-4 所示。

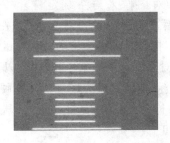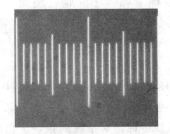

图 7-4　水平和垂直方向标尺图

从定标系统的实践中得到经验，定标的结果即放大系数 K 只对同一条件下的测量有用。也就是说，在同一放大倍率、同一光照强度、同一灰度阈值下，数字相机选择同样的参数条件下测量压痕时，只需定标一次。如果这些条件中的任何一个条件改变了，则必须重新对系统定标。

3) 软件界面及功能介绍

软件界面如图 7-5 所示。

(1) 显示区域介绍。

如图 7-5 所示，整个软件界面分成五个区。标题栏显示软件名称；操作键区是各种操作键；摄像区显示实时图像，用大窗口方便操作者观察；采集区显示采集到的用来进行检测的瞬间图像；结果显示区显示检测结果。

(2) 操作按钮功能及使用方法介绍。

• 打开相机：鼠标点击此按钮时，数字相机与软件系统连接，此时界面上大窗口即摄像区将显示数字相机采集到的实时压痕图像。

• 采集：鼠标点击此按钮，表示把从摄像区采集的图片在界面上小窗口（即采集区）显示出来，摄像区图像也将暂时冻结。

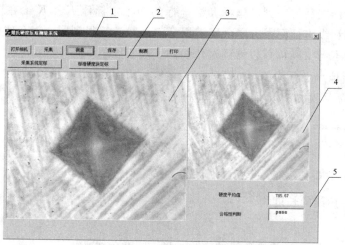

1—标题栏；2—操作键区；3—摄像区；4—采集区；5—结果显示区

图 7-5　维氏硬度测量系统软件界面

· 测量：鼠标点击此按钮时，系统将通过对图片的一系列处理，自动计算硬度值，并立即显示在结果显示区。

· 采集系统定标：点击此按钮可以重新对图像采集系统定标。具体操作是：把 0.01 mm 的标尺板放在显微镜头下并采集图像后，点击"采集系统定标"按钮，系统即可自动计算出定标系数以待测量时使用。采集系统定标是对测量系统的放大率的修正。

· 标准硬度块定标：点击此按钮可以重新对系统计算结果进行定标。具体操作是：采集标准硬度块压痕图像后，点击"标准硬度块定标"按钮，系统将自动计算硬度值修正系数以待下次测量使用(此系统只针对锚夹片硬度的检测，采用 750±50HV5 规格的标准硬度块)。标准硬度块定标是对系统测量硬度值的校正。

· 制表：当测量多个工件时，系统会记录每一个工件的硬度值。测量结束后可以点击"制表"按钮使多个工件测量的结果被制成数据表保存在系统数据库中。

· 保存：对制表的测量结果保存在设定的目录下。

· 打印：打印制表的测量结果。

4) 软件操作方法

操作时首先连接硬件，把数字相机的 USB 接口与电脑连接，打开显微系统电源及数字相机电源，把工件压痕放在显微镜头下。然后打开软件界面，点击"打开相机"按钮，调节显微镜即可在摄像区看到压痕的实时图像。点击"采集"，可以在采集窗口看到已经采集的图片。点击"测量"，系统将自动计算出压痕硬度值并保存在内存中。再调节显微镜使工件的第二、三个压痕依次显示在摄像区，重复上面的操作之后再保存。当同一工件的三个压痕硬度都测量完之后，系统会自动计算工件压痕的硬度测量值并显示在"硬度值平均值"数据显示区，同时对这个值进行合格性判断。工件的硬度值范围是 620～840HV5。如果测量硬度值在这个范围内，则在"合格性判断"区显示"pass"；如果不合格，则显示"no"。对多个工件的硬度测量之后，根据需要可以对数据进行制表并保存或打印。

第 8 章　钢的表面热处理组织变化层深度测定

块状试样表面的成分和组织梯度的测定本质上不是体视学测量，但这是经常遇到的金相学问题。这类表面情况包括：① 热处理、火焰或感应硬化后的层度；② 渗碳、渗氮、碳氮共渗等的层深；③ 脱碳层深度；④ 涂（镀）层厚度。

评定这些表面情况的测量方法有许多相似之处，所有操作都必须十分仔细，样品需有代表性并经适当制作（如边缘应很好保护）和测量。通常要得到某个深度的有效的统计评定，应以适当的间隔进行一定数量的测量。本章介绍表面高频淬硬层深度测量和表面渗碳层深度测量的主要测量方法。

8.1　表面高频淬硬层深度测量

在实际生产中，除了要控制淬火层组织中马氏体的粗细、铁素体残留量的多少外，还应控制淬硬层的深度。淬硬层深度的测量方法很多，常用的有金相法和硬度法。

1. 金相法

用金相法测量淬硬层深度，该方法简单易行，效率较高，适合在日常生产中应用，但目前没有国家标准，多由各企业制订测量方法。一般情况下，由于钢材经正火处理后进行高频淬火，硬化层的过渡区比较宽，淬硬层的深度从表面测量到 50％马氏体＋50％屈氏体处为止；钢材经调质处理后进行高频淬火，通常不会出现屈氏体组织，过渡区比较窄，淬硬层的深度从表面测量到发现明显的回火索氏体处为止。

2. 硬度法

硬度法测量淬硬层深度一般按 GB/T5617－2005《钢的感应淬火或火焰淬火后有效硬化层深度的测量》的规定来进行。在有争议的情况下，该标准所规定的测量感应淬火或火焰淬火后有效硬化层深度的方法是唯一的仲裁方法。

1）测量原理

硬度法的测量原理是用图解法在垂直表面的横截面上根据硬度变化曲线来确定有效硬化层深度。该硬度曲线图显示零件横截面上的硬度值随着表面距离增大而发生的变化。

2）测量方法

一般规定在淬火状态的零件横截面上进行测量。经各方协议，也可以用与零件硬化部位相同形状、尺寸、材料及热处理条件的试样进行测量。

（1）测量面的准备。

垂直淬硬面切断零件，切断面作为检验面，检验面应抛光到能够准确测量硬度压痕尺寸。在切断和抛光过程中注意不能影响检验面的硬度，并且不可使边沿形成圆角。

（2）硬度的测定。

有效硬化层硬度的测定一般采用维氏硬度，负荷为 9.8 N（1 kg·F）。硬度应在垂直于表面的一条或多条平行线（宽度为 1.5 mm 的区域内）上测定（见图 8-1）。最靠近表面的压痕中心与表面的距离 $d_1 \geqslant 0.15$ mm，从表面到各逐次压痕中心之间的距离应每次增加大于等于 0.1 mm（例如 $d_2 - d_1 \geqslant 0.1$ mm）。表面硬化层深度增大时，压痕中心之间的距

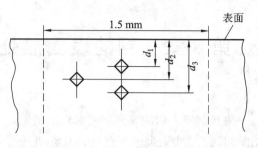

图 8-1 硬度压痕的位置

离可增大，在接近极限硬度区附近，应保持压痕中心之间的距离大于等于 0.1 mm。

3）测量结果的表述

（1）由绘制的硬度变化曲线，确定零件表面到硬度值等于极限硬度值的距离，为有效硬化层的深度。极限硬度一般为零件表面所要求的最低硬度（HV）的 0.8 倍。

（2）在一个区域测量多条硬度变化曲线时，应取各曲线测得的有效硬化层深度的算术平均值作为有效的硬化层深度。

根据 45 钢高频加热淬火的零件横截面上维氏硬度测量的情况绘制的硬度分布曲线如图 8-2 所示。该工件表面硬度要求大于 680 HV，则极限硬度 $HV_{HL} = 680 \times 0.8 = 544$ HV，可从硬度分布曲线上求得有效硬化层深度 DS=1.45 mm。

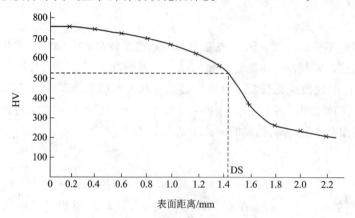

图 8-2 硬度分布曲线

8.2 表面渗碳层深度测量

1. 断口法

如果未具备金相检验条件，或中间抽查急需了解渗碳情况，可采用断口法来检查渗碳层深度。具体操作方法为：先将渗碳后的试棒淬火，然后打断观察其断口，渗碳部分为白色瓷状断口，未渗碳部分为灰色纤维状断口，交界处的含碳量约为 0.4%。如果渗碳层分辨度差，则可将试样在 250℃～300℃ 的空气中加热，使渗碳层染成蓝色而心部颜色不发生变化。当加热温度升至 400℃～500℃ 时，渗碳层的颜色变为紫色。这样可以用肉眼观察估

算，也可以用带刻度的放大镜测量渗碳层的大致深度。

2. 金相法

渗碳层深度的测量可以直接在零件上取样进行，也可以用相同材料制成的试样随零件一起渗碳，然后退火得到平衡组织，再用金相法进行测量。渗碳层的组织一般包括过共析层、共析层和过渡层三个部分。过共析层会出现碳化物，组织为珠光体＋碳化物，碳化物呈粒状、断续网状或连续网状分布。共析层的组织为珠光体。过渡层会出现铁素体，从出现铁素体起至心部组织的区域都是过渡层。

可基于低倍显微镜图像进行渗碳层深度的金相测量，利用连续变倍单筒视频显微镜或金相显微镜的低倍光学系统均可。渗碳层深度的金相测量，目前无国家标准，多由各企业自行制订测量方法。常见的测量方法有以下几种：

（1）以过共析层、共析层和过渡层三者的总和作为渗碳层深度，如汽车用合金渗碳钢制作的齿轮就沿用了这一方法。

（2）以表面至共析层的深度作为渗碳层深度，因为其忽视了过渡层的作用，所以生产上很少采用。

（3）以表面到过渡层的 1/2 处的深度作为渗碳层的深度，通常在用碳钢进行渗碳时多采用此法。

（4）以表面到过渡层的 2/3 处的深度作为渗碳层的深度，如含铬的渗碳钢多用此方法。

具有不平衡组织的试样所测得的渗碳层深度是不够准确的。所以，用金相法测量渗碳层深度时，试样必须是退火状态。

图 8-3 为 Q235 钢经 900℃ 气体渗碳后缓冷的组织。图中，从左至右依次为过共析层、共析层、过渡层、心部。其中过共析层深度为 0.4 mm，共析层深度为 0.38 mm，过渡层深度为 0.53 mm，总渗层深度为 1.31 mm。

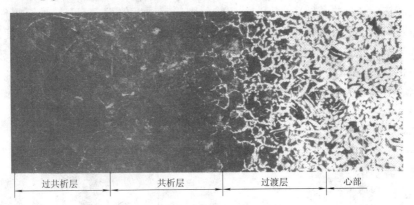

| 过共析层 | 共析层 | 过渡层 | 心部 |

图 8-3　Q235 钢气体渗碳后缓冷的组织

3. 硬度法

硬度法测定渗碳层深度一般按 GB/T9450—2005《钢件渗碳淬火硬化层深度的测定和校核》的规定来进行。在有争议的情况下，该标准所规定的测量方法是唯一可采用的仲裁方法。

1）测定原理

硬度法的测定原理是：根据垂直于零件表面的横截面上硬度梯度来确定硬化层深度，

即以硬度值为纵坐标，以至表面的距离为横坐标，绘制出硬度分布曲线，用图解法在曲线上求得硬化层深度。

2）测定方法

（1）试样。

除特别协议外，应按规定在最终热处理后的零件横截面上测量。在一定条件下，可使用随炉试样。

（2）待测表面的准备。

为了精确测量硬度压痕对角线的长度，待检测表面要经过磨制和抛光。在抛磨过程中应采取一切措施避免试样表面倒角或过热。

（3）硬度的测定。

在宽度（W）为 1.5 mm 的范围内，在与零件表面垂直的一条或多条平行线上测定维氏硬度（见图 8-4）。测定维氏硬度所采用的试验力规定为 9.8 N（1 kg·F）。

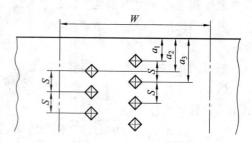

图 8-4 硬度压痕的位置

每两相邻压痕中心之间的距离（S）应不小于压痕对角线的 2.5 倍。逐次相邻压痕中心至零件表面的距离差值（即 a_2-a_1）应不超过 0.1 mm。测量压痕中心至零件表面的距离精度应在 $\pm0.25\ \mu m$ 的范围内，而每个硬度压痕对角线的测量精度应在 $\pm0.5\ \mu m$ 以内。

测定应在各方约定的位置上，在制备好的试样表面上的两条或更多条硬化线上进行，并绘制出每一条线的硬度分布曲线。

3）测量结果的表示方法

根据上述绘制的每一条曲线，分别确定硬度值为 550 HV 处至零件表面的距离。以在两条硬化线上测试，绘制两条硬度分布曲线，并分别确定硬度值为 550 HV 处至零件表面的距离为例，如果两个测量结果的差小于或等于 0.1 mm，则取它们的平均值作为淬硬层的深度。如果差值大于 0.1 mm，则应重复试验，直到确认试验没有问题后，如实给出试验数据。

图 8-5 是 10 钢渗碳淬火后用硬度法测量绘制的一条硬度分布曲线，可从硬度分布曲线上求得淬硬层深度 CHD=1.35 mm。

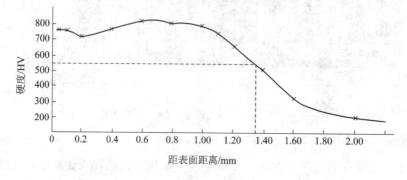

图 8-5 硬度分布曲线

第 9 章　基于低倍显微图像的焊接质量分析

由于焊接具有简便、经济、安全以及可以简化形状复杂零件的制造工艺等特点，因而在机械制造业中，焊接工艺得到了广泛的应用。为了确保焊接接头的质量符合设计或工艺要求，焊后的产品要运用各种检验方法检查接头的致密性、物理性能、力学性能、金相组织、抗腐蚀性能、化学成分、外观尺寸和焊接缺陷。

焊接缺陷分为外部缺陷和内部缺陷。外部缺陷包括：余高尺寸不合要求、焊瘤、咬边、弧坑、电弧烧伤、表面气孔、表面裂纹、焊接变形和翘曲等。内部缺陷包括：裂纹、未焊透、未熔合、夹渣和气孔等。焊接缺陷中危害性最大的是裂纹，其次是未焊透、未熔合、夹渣、气孔等。个别缺陷是允许存在的。允许存在的缺陷数量、性质依产品的使用条件和质量评定标准确定。

焊接缺陷的检验方法分破坏性检验和非破坏性检验(也称无损检验)两大类。非破坏性检验方法有外观检查、致密性检验、受压容器整体强度检验、渗透性检验、射线检验、磁力探伤、超声波探伤、全息探伤、中子探伤、液晶探伤、声发射探伤和物理性能测定等。破坏性检验方法有机械性能试验、化学分析和金相试验等。正确选用检验方法，并与生产工序有机地结合起来进行检验，不但能彻底查清缺陷的性质、大小和位置，而且可以找出缺陷的产生原因，从而避免缺陷的再度出现。本章主要讨论基于低倍显微图像的焊接质量分析。其具体操作步骤如下：

(1) 在焊缝中有代表性的位置切取焊缝横截面切片，切片应包含焊缝、热影响区和母材几个区域。切取时应注意避免受热使切片组织发生改变。

(2) 将切片磨光、抛光后，用 1∶1 盐酸水溶液浸蚀，清洗干净后吹干或烘干。

(3) 用连续变倍单筒视频显微镜进行观察，首先应观察切片的全貌，再把切片按区域划分，分别对每个区域进行放大观察，特别对最关键的部位，要进行重点的分析研究。观察后选择合适的倍率进行拍照。拍照的作用：一是留下切片的形貌和焊接缺陷的证据，二是为后续的测量分析做好准备。

(4) 将照片标定后，用测量软件对各尺寸进行测量。

9.1　焊接接头的区域分析

图 9-1 是 Q235 材料双面手工电弧焊焊接接头切片经 1∶1 盐酸水溶液浸蚀后的低倍组织。从切片上可以清晰地看出，焊缝结合良好，无气孔、夹渣、未焊透及裂纹等焊接缺陷，焊接接头由焊缝、热影响区、母材三部分构成。焊缝由熔化金属(它是由熔化的填料金属和母材的熔化部分混合组成熔池的液态金属)凝固结晶而成。焊缝的低倍组织是铸态的柱状晶，从焊缝与母材的交界面沿与熔池壁相垂直的方向伸向焊缝中心。同时由于焊缝的凝固是在热源不断向前移动的情况下进行的，因此随着熔池的向前推进，柱状晶生长最有

利的方向也在改变。一般情况下，熔池呈椭圆形，柱状晶垂直于熔池壁弯曲生长，在焊缝中心呈八字形分布。热影响区位于焊接接头上与焊缝区紧邻的母材部分，这一区域虽不算太宽，但温度范围极广，从固相线开始直至母材的原始状态的温度包括了过热区、重结晶区和回火温度区等。热影响区内有的组织已发生相变，所以受腐蚀后的低倍组织通常呈深灰色。母材距焊缝较远，与热影响区相邻。该区仍保持着母材原始的加工状态。

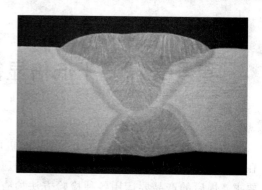

图 9-1　Q235 材料双面手工电弧焊焊接接头切片

9.2　焊接接头的宏观缺陷分析

焊接时，因工艺不合理或操作不当，往往会在焊接接头处产生缺陷。焊接缺陷是对破坏焊接接头的完整性、改变正常的金相组织、降低使用性能的各种弊病的统称。在焊缝横截面切片上观察分析，常见的焊接缺陷有未焊透、烧穿、夹渣、气孔、裂纹等。可以用连续变倍低倍视频显微镜对这些缺陷进行观察、拍照，并按有关标准进行评级、评定。

用不同的焊接方法焊接，产生的缺陷及原因也各不相同。常见的焊接缺陷及其特征和产生的原因见表 9-1。

表 9-1　常见的焊接缺陷及其特征和产生的原因

缺陷名称	简　图	特　征	产生的主要原因
未焊透		焊接时接头根部出现未完全熔透的现象	(1) 电流太大，间隙过大； (2) 坡口角度尺寸不对
烧穿		焊接过程中，熔化的金属自坡口背面流出而形成穿孔	(1) 电流过大，焊速太快； (2) 焊速过低，电弧在焊缝处停留时间过长
夹渣		焊后熔渣残留在焊缝中	(1) 坡口角度过小； (2) 焊条质量不好； (3) 除锈清渣不彻底
气孔		熔焊时熔池中的气泡在凝固时未能逸出而残留下来形成空穴	(1) 焊条受潮生锈，药皮变质、剥落； (2) 焊缝未彻底清理干净； (3) 焊速过高，冷却太快
裂纹		在焊缝或靠近焊缝的部位产生横向或纵向的缝隙，具有尖锐的和大的长宽比特征	(1) 选材不当，预热不当，冷却太快； (2) 焊接顺序不当； (3) 结构不合理，焊缝过于集中

图 9-2 是 15 钢螺柱与 Q235 冷轧板的电阻焊接接头，在熔合区有大量的黑色孔洞，由圆弧形且光滑的孔洞形貌可推断为气孔。

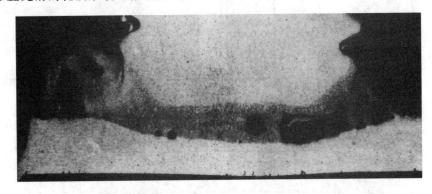

图 9-2　15 钢螺柱与 Q235 冷轧板的电阻焊接接头

图 9-3 是不锈钢的焊接接头，焊缝内有裂纹。

图 9-4 是锰黄铜的焊接接头，焊缝中存在较多疏松空隙和未焊透空隙，在空隙的末尾有一条细长的裂纹。

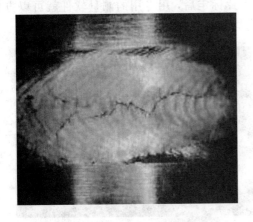

图 9-3　不锈钢的焊接接头　　　　图 9-4　锰黄铜的焊接接头

9.3　焊缝厚度及熔深、熔宽的测定

评价焊接质量的高低，除了要分析焊接接头的宏观缺陷外，还要测量焊缝厚度、熔深、熔宽等尺寸。焊缝厚度不够，则焊缝的强度不足；熔深、熔宽太小，则焊缝与母材的结合不够牢固。现代汽车工业中大量使用焊接件，焊接工艺是汽车生产中的“四大工艺”之一，焊接质量的高低在一定程度上决定了整车的安全性能。对焊缝厚度、熔深、熔宽等尺寸的测量，目前我国汽车行业大多参照韩国大宇汽车公司工程技术标准 EDS-T-7127《熔接切片检查方法》进行。

图 9-5 是角焊缝的尺寸示意图。图中，a 为焊缝厚度，b 为焊缝熔宽，e 为焊缝熔深，s 为焊接厚钢板的厚度，s_{min} 为焊接薄钢板的厚度。焊接完成后，要求达到：$a \geqslant 0.7s_{min}$，$b \geqslant 0.7s_{min}$，$e \geqslant 0.12s_{min}$。

现代汽车工业朝轻量化、节能型发展，所以车用材料的直径、厚度比较小，焊接后形

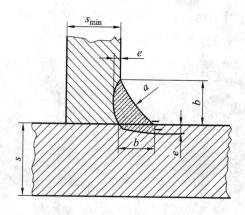

图 9-5 角焊缝的尺寸示意图

成的焊接接头也不大，焊缝厚度、熔深、熔宽的尺寸范围多在 0.1～5 mm 之间，用普通量具无法准确测量，而用连续变倍单筒视频显微镜就能很容易地解决这一问题。连续变倍单筒视频显微镜结构如图 9-6 所示，使用物镜为 0.2×～2.0× 或 0.7×～4.5× 的连续变倍镜头，能方便地观测各种尺寸的试样。CCD 将采集到的切片形貌图像输入计算机并在显示器上显示，可以选择合适的倍率进行拍照。将照片标定后，用专用的测量软件就可以方便地对各尺寸要素进行测量。图 9-7 是角焊缝的焊缝厚度、熔深、熔宽的测量结果。

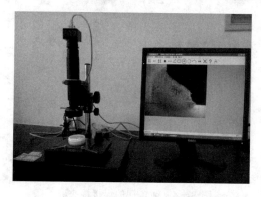

图 9-6 连续变倍单筒视频显微镜

图 9-7 角焊缝的焊缝厚度、熔深、熔宽的测量结果

第 10 章　基于低倍显微图像的金属断口分析

零件的断裂是指零件在应力的作用下分成两个或多个部分的现象。零件断裂后，不仅完全丧失服役能力，而且还可能造成重大的经济损失和伤亡事故，因此，断裂是最危险的失效类型。

根据零件断裂前所产生的宏观塑性变形量的大小，可以把断裂分为韧性断裂和脆性断裂两类。韧性断裂的特征是断裂前会发生明显的宏观塑性变形，起到预先警告人们注意的作用，因此一般不会造成严重事故。脆性断裂则相反，它是一种突然发生的断裂，断裂前基本上不发生塑性变形，没有明显征兆，因而危害性更大。

零件断裂后的自然表面称为断口。任何断裂都是一个由局部到整体的发展过程，整个过程按其特征可分为裂纹的起源、裂纹的扩展和最终断裂三个阶段。由于金属材料中裂纹总是沿着阻力最小的路径扩展，所以断口一般也是材料中性能最弱或应力最大的部位。断口的形貌、轮廓线和粗糙度等特征真实记录了断裂过程中的许多信息。因此，分析断口可查明断裂发生的原因，为推断断裂所经历的过程提供依据，进而确定断裂性质及断裂机理，为改进设计、改进加工工艺、合理选材和用材等指明方向，以防止类似事故再次发生。

10.1　断口分析的方法

断口分析通常包括宏观形貌特征分析和显微形貌特征分析两个方面的内容。宏观断口反映了断口的全貌；微观断口则揭示了断口的本质。断口分析的方法包括宏观断口分析、光学显微镜断口分析和电子显微镜断口分析三种。本章主要讨论利用连续变倍单筒视频显微镜基于低倍显微图像来进行宏观断口分析。

1. 断口样品的选择

在分析断裂的零件时，首先要从断裂的零件中选取断口样品，最重要的是要选择最先开裂的断口样品。在取样时，尽量不要损伤断口表面，并且要使断口保持干燥，防止污染。

2. 断口的清洗

如果断口上有灰尘、污垢和腐蚀物，已无法观察到真实的断口形貌特征，则需要对断口试样进行清洗。清洗前应对这些污物进行仔细检查，往往可从中获得断裂的重要信息，为确定试样断裂的原因提供有力证据。例如，在断口表面的某个部位发现油漆痕迹，就表明在断裂之前，零件表面已经存在裂纹，使表面的油漆渗入裂纹留下痕迹。清洗试样时，为避免断口的腐蚀破坏，应尽量使用丙酮、三氯乙烯等有机试剂，不用酸、碱等腐蚀性试剂。清洗干净后的断口试样应及时吹干或烘干，避免生锈或再次污损。

3. 宏观断口的分析方法

连续变倍单筒视频显微镜使用 $0.7\times\sim4.5\times$ 连续变倍物镜，能方便地观测各种尺寸的断口试样。CCD 将采集到的图像输入计算机并在显示器上显示，可显示断口全貌，也可局部放大分析，可供多人同时观察。使用相关的软件可对断口进行拍照、测量等操作。

分析宏观断口时，首先应观察断口的全貌，再把断口按区域划分，分别对每个区域进行放大观察，特别对最关键的部位要进行重点分析研究。根据断口表面的颜色、变形程度、金属光泽、凹凸情况及其分布等宏观形貌特征，就可判断出断口的受力状态、环境介质的影响、裂纹的萌生及扩展等特点。

4. 宏观断口的分析内容

通过对宏观断口的观察分析，大致可以了解以下内容：

（1）断口的宏观缺陷，如铸造件中的缩孔、铁豆等，这些缺陷往往是引起零件断裂的源头。

（2）通过断口的宏观形貌，大体上可判断出断裂的类型。脆性断口一般平齐而光亮，与正应力垂直，断口上常有人字纹或放射性条纹；韧性断口一般在断裂前会发生明显的宏观塑性变形，断口呈暗灰色、纤维状；疲劳断口一般会出现贝壳纹线。

（3）通过断口的宏观形貌，可大体上找出裂纹源位置和裂纹扩展路径。

（4）粗略地找出断裂的原因。

10.2　典型金属断口分析

1. 断口的宏观缺陷

机械零件在加工成型过程中，不可避免地会出现一些缺陷，如铸造过程中出现的缩孔、气泡、铁豆、疏松、偏析、夹杂物，焊接过程中出现的未焊透、夹渣、气孔等，这些缺陷往往就是零件中最薄弱的部位，是裂纹的策源地或裂纹扩展经过的地方，是造成零件断裂的重要原因。

图 10-1 是灰铸铁的断口。断口凹孔内的豆状物为浇注时铁液飞溅所造成的铁豆。由于凹孔的存在，破坏了铸铁截面的连续性，降低了铸铁的强度，在受力弯曲时会发生脆性断裂。

图 10-1　灰铸铁的断口

2. 脆性断口

脆性断裂一般具有以下特点：

（1）脆断时零件承受的工作应力较低，一般低于材料的屈服极限。

（2）脆断的裂纹源总是从内部的宏观缺陷开始。

（3）温度降低，脆性倾向会增加。

（4）脆性断口平齐而光亮，且与正应力垂直，断口上常有人字纹或放射性条纹。

图 10-2 为长轴断口的宏观形貌，断口为脆性断口。断口中心部位有一小圆形平坦区，形似白点，放射性条纹由该处向四周发散，由此可判断该小圆形区为裂纹源。外圆边缘断口较平坦，呈细瓷状。这些特征可说明零件属于快速断裂，断裂时应力很大。

图 10-2　脆性断口形貌

3. 试样拉伸断口

在实际工作中看到的断口不一定是单纯的脆性断口或韧性断口，零件在断裂的过程中，往往某一阶段表现为韧性断裂，而另一阶段表现为脆性断裂，最后形成的断口是一个包含韧性断裂特征和脆性断裂特征的复合断口。

图 10-3 是低碳钢试样的拉伸断口，呈杯锥状，由纤维区、放射区和剪切唇三个区域组成。在断口分析中，常常将这三个区域的断口宏观形貌标记称为断口三要素。

（1）纤维区位于断口的中心，呈粗糙的纤维状。拉伸时，当拉伸载荷超过强度极限载荷后试样出现颈缩，裂纹首先在最小截面中心的某些缺陷处形成，并不断长大、连接。纤维区所在平面垂直于拉伸应力方向。由于纤维区中塑性变形大，断面粗糙不平，对光线的散射能力很强，所以总是呈暗灰色。

图 10-3　低碳钢的拉伸断口

（2）紧接纤维区的是放射区，有放射条纹特征，纤维区与放射区交界线标志着裂纹由缓慢扩展向快速扩展的转化。放射线平行于裂纹扩展的方向，其发散方向就是裂纹扩展的方向，收敛方向则指向裂纹起始点。在放射区，材料的宏观塑性变形很小，表现为脆性断裂。

（3）剪切唇在断裂过程的最后阶段形成，其表面光滑，与拉应力方向成 45°。在剪切唇区域内，裂纹快速扩展，材料的塑性变形很大，属于韧性断裂区。

4. 疲劳断口

由于循环负荷或交变应力作用所引起的断裂现象称为疲劳断裂，其断口为疲劳断口。在所有的零件损坏中，疲劳损坏的比例最高，约占 90%。疲劳断口一般可分为三个区域：

（1）疲劳源。由于材料的质量、加工缺陷或结构设计不当等原因，在零件的局部区域会造成应力集中，这些区域就是疲劳裂纹产生的策源地——疲劳源。

（2）疲劳裂纹扩展区。疲劳裂纹产生后，在交变应力作用下继续扩展长大，在疲劳裂纹扩展区常常留下一条条以疲劳源为中心的同心弧线，这些弧线形成了像贝壳一样的花样，也称贝纹线。在疲劳裂纹扩展区，材料的宏观塑性变形很小，表现为脆性断裂。

（3）最后断裂区。由于疲劳裂纹不断扩展，使零件的有效断面逐渐减小，应力不断增加，当应力超过材料的断裂强度时，则发生断裂，形成最后断裂区。对于塑性材料，最后断裂区为纤维状、暗灰色；而对于脆性材料，则是结晶状。

图 10-4 为破碎机偏心轴的断口，断口具有疲劳断口的典型特征，上方箭头所指为疲劳源，疲劳裂纹扩展区有贝纹线，占整个断口的较大部分区域，最后断裂区断口较粗糙，断口属于低应力高周疲劳断口。

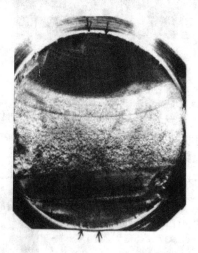

图 10-4　疲劳断口形貌

第三部分

金相显微分析实训

第11章 实 验 汇 编

11.1 金相显微镜的原理、构造及使用

一、实验目的

(1) 了解金相显微镜的基本原理和构造。

(2) 掌握金相显微镜的使用方法。

二、实验用品

(1) 金相显微镜。

(2) ZG35Mn(铸态、正火态)、球墨铸铁 QT600-3、铸造锡基轴承合金 $ZSnSb_{11}Cu_6$ 的金相样品。

三、实验内容与步骤

(1) 观察金相显微镜的构造,了解各部件的作用,并绘出显微镜的光路示意图。

(2) 安装好显微镜的物镜、目镜,调好光阑,做好观察准备。

(3) 用不同放大倍率的物镜分别观察铸钢 ZG35Mn(铸态、正火态)、球墨铸铁 QT600-3、铸造锡基轴承合金 $ZSnSb_{11}Cu_6$ 的金相样品,并绘出铸钢 ZG35Mn 铸态和正火态的金相组织示意图。

四、实验报告要求

(1) 写出实验目的及所用实验设备,绘出显微镜的光路示意图。

（2）写出实验步骤，附上所绘的铸钢 ZG35Mn 铸态和正火态的金相组织示意图，并对比分析两者的区别。

（3）对用不同的放大倍率观察到的不同现象进行分析。

五、思考题

（1）画图说明显微镜的光学成像原理。

（2）金相显微镜主要由哪几大部分组成？

（3）物镜的主要特性指标有哪些？各用什么符号表示？

（4）显微物镜、目镜各有哪几种？其特征是什么？它们是如何配合使用的？

（5）显微镜的孔径光阑、视场光阑在功能作用上有什么区别？

（6）柯勒照明和临界照明的主要特点是什么？两者有何差别？

11.2 金相试样的制备

一、实验目的

（1）掌握金相试样制备的试样镶嵌、手工磨光、机械抛光、化学浸蚀等工序的操作方法。

（2）了解金相试样的截取、磨平方法及注意事项。

二、实验用品

（1）金相显微镜、金相试样镶嵌机、抛光机、吹风机。

（2）粒度分别为 P240、P320、P400、P600、P800、P1000 的金相砂纸一套，玻璃平板，抛光剂，浸蚀剂（4%的硝酸酒精溶液），脱脂棉，无水酒精，酚醛塑料粉。

（3）待制备的 45 钢金相试样、胶泥、镶样用塑料管。

三、实验内容与步骤

金相试样制备的全过程包括：试样的截取、镶嵌、磨平、磨光、抛光、浸蚀，以及显微组织的观察与记录。本次实验的重点是掌握金相试样制备的主要工序——试样镶嵌、手工磨光、机械抛光、化学浸蚀，并了解金相试样的截取、磨平方法及注意事项。

1. 试样的镶嵌（如试样尺寸已满足磨制要求，可省略本步骤）

将磨平的试样观察面朝下放在下模上，在模腔中放入适量的酚醛塑料粉后，装上模及顶压盖（顶压盖的观察窗口朝前），拧紧顶压螺杆。接通电源，设定加热温度（酚醛塑料粉的加热温度一般设定为 135℃～170℃），转动加压手轮至压力指示灯亮，镶嵌机即开始加热并自动控温。加热后由于酚醛塑料粉逐渐软化，造成压力下降，压力指示灯熄灭，此时应及时转动加压手轮增加压力，保持指示灯亮，直至镶嵌完成，否则由于压力不足，会导致镶嵌塑料疏松。当达到设定温度并保温约 10 分钟后，即可停止加热。稍加冷却，拧松顶压螺杆释放压力并留出上模及试样的上升空间,转动加压手轮顶出试样,在观察窗口确认试样出模后,再拆卸顶压盖取出试样,镶嵌工作完成。注意,顶出试样时,只可拧松顶压螺杆留出上模及试样的上升空间,不可拆卸顶压盖,避免上模及试样突然飞出伤人。

2. 试样的磨光

将镶嵌好的试样边缘倒角后,即可用 P240、P320、P400、P600、P800、P1000 的金相砂纸在玻璃板上先粗后细逐号磨光,号小者磨粒较粗,号大者磨粒较细。磨制时将砂纸平铺于厚玻璃板上,左手按住砂纸,右手握住试样,使磨面朝下并与砂纸接触,在轻微压力作用下把试样向前推磨,用力要均匀平稳,否则会使磨痕过深,且造成试样磨面的变形。试样退回时不要与砂纸接触,这样单向磨制直至磨面上旧的磨痕被去掉,新的磨痕均匀一致为止。在调换下一号更细的砂纸时,应将试样上的磨屑和砂粒清除干净,并将玻璃板擦干净,以防止粗砂粒掉落在细砂纸上。更换砂纸后,将试样转动 90°,使新、旧磨痕互相垂直。

3. 试样的抛光

磨光后的试样表面仍留有细小的砂纸磨痕,还不能有效地观察浸蚀后的组织,因此必须将砂纸磨痕完全抛去,使表面达到光亮如镜的光洁度,才能满足实验观察的要求。机械抛光在专用的抛光机上进行。抛光时,先将试样清洗干净,避免将砂纸的砂粒等污物带入抛光盘。用水将抛光织物充分湿润后,在抛光织物上均匀地喷上抛光剂,将试样磨面均匀地压在旋转的抛光盘上,并沿盘的边缘至中心不断做径向往复运动,同时将试样稍加转动。抛光时间一般为 3～5 min。抛光后的试样,其磨面应光亮无痕,且夹杂物等不应抛掉或有曳尾现象。将抛光好的试样用水清洗干净,即可进行下一步的浸蚀工作。

4. 试样的浸蚀

化学浸蚀是最常用的浸蚀方法。操作时,将浸蚀剂(4%的硝酸酒精溶液)滴在抛光后的磨面上,注意观察磨面颜色的变化,当光亮镜面呈浅灰白色时,立即用水清洗,并用脱脂棉在磨面上轻擦以去除腐蚀产物,再用无水酒精冲去残留水渍,最后用吹风机吹干试样磨面。严禁用手摸、擦试样,以免皮肤受到伤害。如果浸蚀不足,可重复浸蚀。一旦浸蚀过度,试样需要重新抛光,甚至还需在较细的砂纸上磨光,抛光后再浸蚀。

5. 胶泥镶嵌

正置金相显微镜的光路布置为物镜朝下,试样磨面朝上。如果制备的是未经镶嵌的试样,且试样不规则,无法获得水平向上的观察面,则需把制备好的试样用胶泥和塑料管镶嵌起来。

胶泥镶样的操作步骤如下:

① 将制备好的试样观察面朝下放在玻璃平板上,并用预先准备好的塑料管将试样圈起来;

② 往管子里加胶泥并用力压实,用刮板将高出管子上端的胶泥刮平;

③ 将试样翻转,观察面朝上,移去玻璃平板,镶样工作即告完成;

④ 将镶好的试样放在显微镜的载物台上,即可进行观察分析。

6. 显微组织的观察与记录

将制备好的试样放在金相显微镜下观察，并说明该试样是何种组织。

四、实验报告要求

（1）写出金相试样制备的主要步骤及注意事项。

（2）制备一个符合检验要求的金相试样。

五、思考题

（1）金相试样的制备主要有哪几个步骤？各个步骤应注意哪些问题？

（2）金相试样在什么情况下需要镶嵌？常用的镶嵌方法有哪几种？各有什么特点？

11.3　用光电检测法测显微组织几何量、球墨铸铁
石墨大小分级和球化分级评定

一、实验目的

（1）熟悉并掌握金相显微几何量光电检测的基本方法。

（2）学会运用光电检测方法进行显微几何量测量、球墨铸铁石墨大小分级和球化分级评定。

二、实验用品

（1）金相显微镜、光电测量系统。

（2）0.01 mm 刻度的单位标尺（定标标准件）。

（3）球墨铸铁 QT600-3 和铸造锡基轴承合金 $ZSnSb_{11}Cu_6$ 金相试样各一个。

三、实验内容与步骤

（1）显微光电测量系统的定标。

① 确定定标的放大倍数，此处以 100× 为例。

② 使用 10× 的物镜，打开显微图像分析软件，单击"图像采集"图标，打开图像采集窗口，把单位标尺放在显微镜下观察，调整清晰后采集图像存入计算机中，此图像即为标尺图像文件。

③ 在菜单栏中选择"标定标尺"项，打开标定标尺窗口。

④ 单位标尺在显微镜下水平放置时，在标尺方式中选择"X 向线段"；垂直放置时，选择"Y 向线段"；任意放置时，选择"任意向线段"。

⑤ 打开标尺图像文件，系统自动填入标尺图像文件名。

⑥ 在标尺图像中，按住鼠标左键会出现卡尺，将此卡尺卡住单位标尺上一定的长度，

系统自动测出该长度的视长度。

⑦ 在"物理长度"显示框中输入所测量的实际长度，单位是微米。在"放大倍数"显示框中输入放大倍数。

⑧ 单击"保存标尺"，完成标定标尺操作。其他放大倍数下的标定标尺的操作与此相同。标定标尺界面如图 11-1 所示。

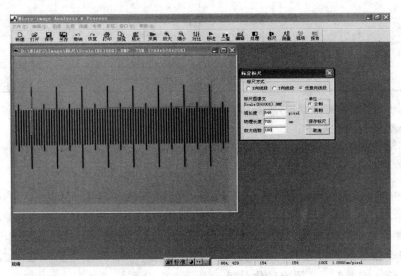

图 11-1　标定标尺界面

（2）使用几何量测量软件对铸造锡基轴承合金 $ZSnSb_{11}Cu_6$ 金相组织中的 SnSb 化合物的边长进行测量练习。测量方法如下：

① 使用 10× 的物镜，打开显微图像分析软件，单击"图像采集"图标，打开图像采集窗口，将制备好的 $ZSnSb_{11}Cu_6$ 金相试样放在显微镜下观察，调整清晰后采集图像存入计算机中。

② 在测量软件的界面下打开拍摄好的图像。单击"选定标尺"按钮，打开"选定标尺"对话框，单击"调入标尺"，选定在标定标尺过程中保存的标尺文件。单击"加载标尺"，出现"加载标尺数据到系统？"的提示，单击"确定"，计算机自动将此标尺加载到系统中。

③ 在 $ZSnSb_{11}Cu_6$ 金相组织中，SnSb 化合物呈白色方块状。用鼠标对图像上需要测量的边长进行测量，用鼠标选定边长的一个端点，按住左键再拉到边长的另一个端点，单击右键即可完成测量。

（3）对 QT600-3 球墨铸铁金相试样的石墨大小分级和球化分级进行评定。评定方法参照 GB/T 9441—2009《球墨铸铁金相检验》。

石墨大小分级评定方法如下：

① 在 100× 下观察制备好的 QT600-3 球墨铸铁金相试样，首先观察整个受检面，再选择有代表性的视场采集图像并保存。

② 打开采集到的图像，选定标尺并加载后，进行阈值分割，提取石墨球。

③ 测量直径大于最大石墨球半径的石墨球直径并计算其平均值，按表 11-1 评定石墨大小分级。

表 11-1　石墨大小分级

石墨大小级别	石墨球直径的平均值/mm
3	>0.25~0.5
4	>0.12~0.25
5	>0.06~0.12
6	>0.03~0.06
7	>0.015~0.03
8	≤0.015

注：石墨大小在 6 级~8 级时，可使用 200× 或 500× 放大倍率。

球化分级评定方法如下：

① 在 100× 的放大倍率下，将视场直径调整为 70 mm，观察制备好的 QT600-3 球墨铸铁金相试样，被视场周界切割的石墨不计数，少量直径小于 2 mm 的石墨不计数。若石墨大多数小于 2 mm 或大于 12 mm，则可适当放大或缩小倍率，使视场内的石墨数不少于 20。

② 观察整个受检面，选择三个球化较差的视场采集图像并保存。

③ 打开一个视场的图像，进行阈值分割，提取石墨球，计算球状（Ⅵ型）和团状（Ⅴ型）石墨个数占石墨总数的百分率，结果为该视场的球化率。依次计算三个视场的球化率后，计算其平均值，按表 11-2 评定球化分级。

表 11-2　球 化 分 级

球 化 级 别	球 化 率(%)
1 级	≥95
2 级	≥85~95
3 级	≥75~85
4 级	≥65~75
5 级	≥55~65
6 级	≥45~55

四、实验报告要求

（1）写出实验目的及所用实验设备。

（2）列表记录铸造锡基轴承合金 $ZSnSb_{11}Cu_6$ 金相组织中的 SnSb 化合物的边长测量数据，并进行误差分析。

（3）分别列表记录对 QT600-3 球墨铸铁金相试样的石墨大小分级和球化分级进行评定的数据，并进行误差分析。

五、思考题

（1）金相显微图像几何量光电测量的主要优点是什么？

（2）显微光电测量系统的定标原理是什么？怎样借助 0.01 mm 刻度的测微尺给测量系统定标？

（3）举例说明利用金相显微图像几何量光电测量的误差分析方法。

11.4　维氏硬度压痕光电测量

一、实验目的

（1）了解硬度压痕光电测量装置的基本原理和构造。

（2）掌握硬度压痕光电测量装置的使用方法。

二、实验用品

（1）硬度压痕光电测量装置。

（2）有维氏硬度压痕的试样。

三、实验内容及步骤

（1）观察硬度压痕光电测量装置的构造，了解成像光学系统、落射照明系统、图像传感器 CCD、实现模/数转换的图像卡、PC、LCD 显示和图像处理软件等的作用。

（2）按维氏硬度压痕尺寸大小选择与之适应的物镜，并和投影物镜组成适配的光学系统。选择物镜放大倍率的原则以方便测量为准，压痕对角线长度一般为显示窗口对角线长度的 1/4～1/2 比较合适。

（3）校准测量装置。校准的操作方法是：打开测量软件界面，单击"仪器校准"按钮，打开校准界面，如图 11 - 2 所示。

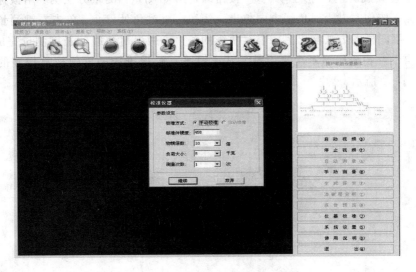

图 11 - 2　仪器校准界面

选择"手动校准"模式，利用与所测试样硬度相近的标准硬度块来校准测量系统。在"标准件硬度"中输入标准硬度块的硬度值，在"物镜倍数"中输入所使用物镜的放大倍数，在"负荷大小"中输入测试硬度时所使用的负荷，在"测量次数"中输入需要在标准硬度块上测量的点数。所有参数输入完成后，单击"继续"按钮即进入校准操作。完成既定的测量次数后，单击"完成"按钮即完成测量装置的校准程序。如果校准操作过程中有异常情况，可以单击"放弃"按钮放弃本次校准操作，单击"仪器校准"按钮可开始新一轮的校准操作。

（4）测量试样的硬度值。完成"仪器校准"后，单击"系统设置"按钮进行系统设置，设置界面如图 11-3 所示。在输入相关参数时要注意，"物镜倍数"和"负荷大小"要与校准时的数值一致。

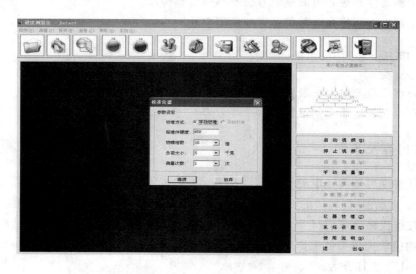

图 11-3　系统设置界面

参数设置完成后，单击"手动测量"按钮即可开始测量。测量方法为：用鼠标对准压痕的一个顶角，按住左键沿对角线方向拉出一线段，至对角处停止，单击右键测量出该对角线的长度；用同样的方法测出另一根对角线的长度。两根对角线的长度测量完成后，维氏硬度值会自动在窗口中显示出来，同时显示的还有根据维氏硬度值换算得到的洛氏硬度值，如图 11-4 所示。

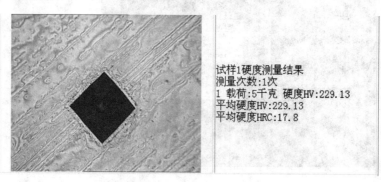

图 11-4　测试结果

四、实验报告要求

（1）绘出硬度压痕光电测量装置的示意图。

（2）叙述硬度压痕光电测量装置的测量原理。

（3）写出测量步骤，附上测量结果。

五、思考题

（1）说明布氏、洛氏、维氏硬度试验的优缺点、适用范围及测量注意事项。

（2）硬度压痕光电测量装置的基本原理和构造是什么？适用范围是什么？为什么不能对洛氏硬度压痕平面进行直接的光电测量？

（3）测量不同的硬度压痕应选用不同的物镜，其选择的主要依据是什么？

11.5　铸钢铸态、正火态、退火态组织观察及铁素体平均晶粒度测量

一、实验目的

（1）认识和熟悉铸钢 ZG35Mn 铸态、正火态和退火态的显微组织特征。

（2）对铸钢 ZG35Mn 铸态、正火态和退火态组织中铁素体的晶粒度进行测量。

二、实验用品

（1）金相显微镜、光电测量系统。

（2）铸钢 ZG35Mn 铸态、正火态和退火态的金相试样各一个。

三、实验内容与步骤

（1）按 11.1 节介绍的方法进行制样。为加快制样速度，可将三块样品镶嵌在一起，再进行磨光、抛光、浸蚀等操作。

（2）在 100× 的放大倍率下分别观察铸钢 ZG35Mn 铸态、正火态和退火态的金相试样的显微组织，并画出不同状态下显微组织示意图。

比较 ZG35Mn 在不同的处理状态下的显微组织，其显微组织由哪些相组成？各组成相的颜色是什么？形态有什么特点？分布有什么规律？

（3）如果金相显微镜带光电检测功能，则利用金相显微镜光电检测功能对铸钢 ZG35Mn 铸态、正火态和退火态组织中的铁素体进行晶粒度的测量，测量方法参考测量软件说明。如果金相显微镜无光电检测功能，则用比较法进行铁素体晶粒度测量，操作方法如下：在 100× 的放大倍率下观察铸钢各种状态下的显微组织，将铁素体组织与标准系列评级图进行对比来评定其平均晶粒度，评级图为标准挂图或目镜插片。

（4）将观察及测量的结果填入表 11 - 3。

表 11 - 3 ZG35Mn 在不同的处理状态下显微组织的观察测量结果

试样热处理状态	组成相名称	组成相颜色	组成相形状及分布规律	铁素体晶粒度
铸态				
正火态				
退火态				

四、实验报告要求

（1）写出实验目的。

（2）写出实验设备和实验步骤。

（3）记录铸钢 ZG35Mn 铸态、正火态和退火态显微组织的观察测量结果。

五、思考题

（1）试分析铸钢的铸态、正火态、退火态显微组织的差异，并说明为什么会产生这些差异。

（2）为什么工厂对碳钢进行热处理时常用正火工艺代替退火工艺？

11.6 碳钢热处理前后组织变化的观察及其硬度测量

一、实验目的

（1）熟悉碳钢的几种常用热处理工艺（正火、退火、淬火及回火）的操作方法。

（2）了解含碳量、加热温度、冷却速度、回火温度等主要因素对热处理后性能（硬度）的影响。

二、实验原理

热处理是机械零件及工具制造过程中的重要工序之一，对发掘金属材料的强度潜力以改善零件的使用性能，提高产品质量，延长产品寿命具有极其重要的意义。热处理对改善毛坯的工艺性能以利于进行各种冷热加工等方面也有重要作用。

热处理通过在特定条件下将钢件加热、保温和冷却，获得与随后的加工或使用条件相适应的显微组织，以达到预期的性能指标要求。常用的热处理工艺有正火、退火、淬火及回火等。

在热处理工艺中，加热温度、保温时间和冷却方法是最重要的三个基本工艺因素。正确选择它们，是热处理取得成功的基本保证。

1. 加热温度

（1）退火加热温度：亚共析钢是 A_{c3} ＋（20℃～30℃）（完全退火）；共析钢和过共析钢是

A_{c1}＋（10℃～20℃）（球化退火）。具体来说，碳钢为740℃～880℃。球化退火的目的是得到球状珠光体，降低硬度，改善高碳钢的切削性能。

（2）正火加热温度：亚共析钢是 A_{c3}＋（30℃～50℃）；过共析钢是 A_{ccm}＋（30℃～50℃）。具体来说，碳钢为760℃～920℃。

（3）淬火加热温度：把钢加热到 A_{c1} 或 A_{c3} 以上 30℃～50℃的温度（具体到碳钢是760℃～870℃）。

钢的化学成分、原始组织及加热速度等对临界点 A_{c1}、A_{c3} 及 A_{ccm} 的位置产生影响。在各种热处理手册中可以查到各种钢的具体热处理温度。热处理时不要任意提高加热温度，这是因为温度过高时，晶粒容易长大，氧化、脱碳和变形等也都变得比较严重。

（4）回火温度：钢淬火后硬度较高，但脆性较大，需要进行回火来改善其性能。回火温度取决于最终所要求的组织和性能。按回火加热温度分类，回火分为低温回火、中温回火和高温回火三种。

① 低温回火：在 150℃～250℃进行回火，所得组织为回火马氏体，硬度约为60HRC。低温回火的目的是降低淬火后的应力，减小钢的脆性，但保持钢的高硬度。低温回火常用于高碳钢切削刀具、量具和轴承等工件的热处理。

② 中温回火：在 350℃～500℃进行回火，所得组织为回火屈氏体，硬度约为35HRC～45HRC。中温回火的目的是获得高的弹性极限，同时有较好的韧性。中温回火主要用于中高碳钢弹簧的热处理。

③ 高温回火：在 500℃～650℃进行回火，所得组织为回火索氏体，硬度约为25HRC～35HRC。高温回火的目的是获得既有一定强度、硬度，又有良好冲击韧性的综合机械性能。高温回火主要用于中碳结构钢机械零件的热处理。一般把淬火后经高温回火的热处理工艺称为调质处理。

高于650℃的回火将得到回火珠光体组织，可以改善高碳钢的切削性能。

2. 保温时间

为了使工件各部位温度均匀化，完成组织转变，并使碳化物完全溶解以和奥氏体成分均匀一致，必须在淬火加热温度下保温一定时间。通常将工件升温和保温所需的时间计算在一起，统称为加热时间。

热处理的加热必须考虑许多因素，例如工件的尺寸和形状、使用的加热设备及装炉量、装炉温度、钢的成分和原始组织、热处理的要求和目的等，具体加热时间可参考有关手册中的数据。

实际工作中多根据经验估算保温时间。一般规定，在空气介质中加热，碳钢的保温时间按工件厚度每毫米1～1.5分钟估算；合金钢的保温时间按工件厚度每毫米2分钟估算。在盐浴炉中加热，保温时间可缩短一半。

3. 冷却方法

热处理的冷却方法必须适当，才能获得所要求的组织和性能。

退火一般采用随炉冷却（约100℃/h）。

正火多采用空气冷却，尺寸较大的工件采用吹风冷却。

淬火的冷却方法非常重要。一方面冷却速度要大于临界冷却速度，以保证得到马氏体组织;另一方面冷却速度应当尽量缓慢,以减少内应力,避免变形和开裂。为了调和上述矛盾,可以采用特殊的冷却方法,使加热工件在奥氏体最不稳定的温度范围(650℃~550℃)内快冷,躲过 C 曲线鼻子尖后慢冷,尤其在马氏体转变温度(300℃~100℃)以下要慢冷。理想的淬火冷却曲线如图 11-5 所示。常用淬火方法有单液淬火(①)、双液淬火(②,先水冷后油冷)、分级淬火(③)、等温淬火(④)等,如图 11-6 所示。

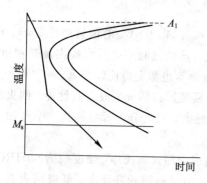

①—单液淬火;
②—双液淬火;
③—分级淬火;
④—等温淬火

图 11-5　理想的淬火冷却曲线示意图　　　图 11-6　各种淬火冷却曲线示意图

三、实验用品

(1) 金相显微镜、维氏硬度计。

(2) 未经热处理的尺寸为 10 mm×10 mm×15 mm 的 45 钢试样若干。

四、实验内容及步骤

(1) 全班分成若干组,每组准备 45 钢试样 8 块。

(2) 按表 11-4 所列的试样数量及工艺条件进行各种热处理操作。

① 2 块试样不进行热处理。

② 将 6 块试样放入 860℃ 的炉内加热(炉温预先由实验室调好),保温 15~20 分钟后,将其中 2 块试样出炉在空气中冷却(正火);将其与 4 块试样进行水冷淬火。淬火时,试样用钳子夹好,出炉、入水要迅速,并不断在水中搅动,以保证试样均匀冷却。

③ 从水冷淬火的试样中取 2 块,放入 600℃ 的炉内进行回火,回火保温时间为 30 分钟。

注意:取、放试样时电炉必须先停电。

表 11-4　实 验 任 务 表

试样数量	热处理工艺			硬度 HV				显微组织	备注
	加热温度	冷却方式	回火温度	1	2	3	平均		
2		/	/						未处理
2	860℃	空冷	/						正火
2		水冷	/						淬火
2		水冷	600℃						淬火+高温回火

（3）将未处理、正火、淬火、淬火＋高温回火四种状态的试样各取 1 块，由 1 个同学进行磨平（热处理后的试样要多磨一些，以去除氧化皮及脱碳层）、磨光、抛光后，测量各个试样的维氏硬度 HV，每个试样测 3 点，取平均值，并将数据填入表内。

（4）将其余四种状态的 4 块试样由 1 个同学进行磨平（热处理后的试样要多磨一些，以去除氧化皮及脱碳层）、磨光、抛光、浸蚀后，用金相显微镜观察其显微组织，并将观察结果填入表内。

（5）每个同学都必须进行硬度测量操作并观察显微组织，记录全组的实验数据，以便独立进行分析。

五、实验报告要求

（1）写出实验目的。

（2）列出各种状态试样的硬度 HV 值数据，并通过软件或查表转换成 HRC 值。分析热处理对 45 钢性能（硬度）的影响，并阐明硬度变化的原因。

（3）列出各种状态试样的显微组织，并填入表中。分析显微组织与硬度的关系。

六、思考题

（1）45 钢工件常用的热处理工艺是什么？它的组织和大致的硬度是多少？组织和硬度有什么关系？

（2）为什么淬火和回火是不可分割的两道工序？确定工件回火温度规范的依据是什么？

（3）通过做这一综合性实验有哪些收获？

11.7　渗碳件组织和渗碳层深度的测定

一、实验目的

（1）观察渗碳件渗碳层各区的金相组织。
（2）用光电检测方法对渗碳层深度作定量检测。

二、实验原理

1. 钢的渗碳热处理

在富碳的活性介质中，将低碳钢加热到奥氏体化温度（一般为 920℃～950℃）使活性碳原子渗入钢件表面，以获得高碳的渗层组织，随后淬火并进行低温回火的操作，叫作渗碳热处理。渗碳热处理的目的是改善钢件表面及心部的组织，提高表面硬度和耐磨性，提高钢件的抗疲劳性能。

2. 渗碳零件的质量检验

1）渗碳层的组织、层深及碳浓度的测定

（1）渗碳层显微组织。渗碳层的组织可根据 Fe-Fe₃C 状态图的变化规律来进行研究。渗碳层具有变化的碳浓度，它从表面到深层逐渐减小，在退火状态下渗碳层由三个区域组成，如图 11-7 所示。

① 过共析层：组织为珠光体和二次渗碳体。

② 共析层：组织为珠光体。

③ 过渡层：自出现铁素体组织开始到原始组织为止，组织为珠光体和铁素体。

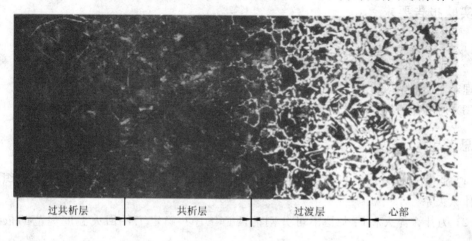

图 11-7　Q235 钢气体渗碳后缓冷的组织

渗碳的质量（即它的显微组织和机械性能）取决于表面碳浓度、渗层深度及碳在渗层中的分布特征，可以在渗碳后直接进行检查。

渗碳层的深度和碳浓度的检查是根据将相同材料制成的试样（或直接在零件上进行检查）随零件一起渗碳，然后缓慢冷却得到的组织加以判断的。

（2）金相法测量渗碳层深度。渗碳层深度的金相测量目前无国家标准，多由各企业制订测量方法。常见的测量方法有以下几种：

① 以过共析层、共析层和过渡层三者的总和作为渗碳层深度，如汽车用合金渗碳钢制作的齿轮就沿用了这一方法。

② 由表面至共析层的深度作为渗碳层深度，因为其忽视了过渡层的作用，所以生产上很少采用。

③ 由表面到过渡层的 1/2 处的深度作为渗碳层的深度，通常在用碳钢进行渗碳时，多采用此方法。

④ 由表面到过渡层的 2/3 处作为渗碳层的深度，如含铬的渗碳钢多采用此方法。

具有不平衡组织的试样，所测得的渗碳层深度是不够准确的。所以，用金相法测量渗碳层深度时，试样必须是退火状态。

（3）渗碳层中碳浓度梯度的检查。应用金相法观察渗碳层中各种组织连续变化情况，可以大致了解碳的分布情况，尤其对退火状态的碳素渗碳钢，能比较准确地进行定量检查。

对于一般的碳钢，可以认为三个区域对应的含碳量范围如下：

炉冷：过共析层为 $0.9\%\sim1.2\%$，共析层为 $0.7\%\sim0.9\%$，过渡层 $<0.7\%$。

空冷：过共析层为 $1.0\%\sim1.2\%$，共析层为 $0.6\%\sim1.0\%$，过渡层 $<0.6\%$。

2）其他检查项目

其他检查项目包括：淬火马氏体针的粗细；游离碳化物的数量和分布特征；残余奥氏体的数量，以及心部游离铁素体的数量、大小和分布等。

3. 渗碳件的组织缺陷

1）粗大的网状碳化物

在正常情况下，渗碳层组织应为回火马氏体和少量细小均匀分布的碳化物颗粒。当渗碳温度过高或渗碳剂的活性过强，缓慢冷却时，容易出现网状碳化物，使表面脆性增加，降低零件的使用寿命，并且会在淬火和磨削时沿碳化物网形成裂纹。

消除的方法为：严格控制表面的碳浓度不致过高，适当加快出炉的冷却速度，一旦出现网状碳化物，要用 A_{cm} 以上的高温正火或淬火的方法加以消除。

2）渗碳层脱碳

脱碳将引起表面淬火硬度不足，零件的耐磨性降低。

脱碳产生的原因是：扩散期炉气碳势太低；出炉温度过高，在空气中引起氧化脱碳；在二次淬火过程中，因多次加热导致介质氧化。

解决的办法是：在扩散期控制炉气的碳势不能过低；出炉后最好放入缓冷坑内在保护气氛中冷却，如往缓冷坑内滴入煤油或甲醇等，形成保护气氛。

3）心部游离铁素体过多

心部存在过多的游离铁素体，会降低心部的硬度。适当提高淬火温度，可减少游离铁素体的数量。

4）反常组织

在过共析层二次渗碳体周围会出现网状铁素体或大块铁素体。这种组织淬火后易出现软点。

消除的方法是：适当提高淬火温度或适当延长淬火加热的保温时间，以便使组织均匀化，并选用更为剧烈的冷却剂淬火。

三、实验用品

（1）金相显微镜或连续变倍单筒视频显微镜（$0.7\times\sim4.5\times$）。

（2）材料为 20CrMnTi 经渗碳后缓冷的金相试样。

四、实验内容及步骤

（1）观察与渗碳层垂直的磨面的显微组织，区分过共析层、共析层、过渡层及心部的组织并拍摄照片。

（2）用金相法测量渗碳层的深度。测量时，以过共析层、共析层和过渡层三者的总和作为渗碳层深度。

五、实验报告要求

（1）写出实验目的及所用的实验设备。

（2）写出实验步骤。

（3）给出渗碳层深度的测量结果（要注明确定渗碳层深度的方法）。

六、思考题

（1）钢件表面渗碳有什么作用？

（2）测量渗碳层深度时应注意什么问题？

11.8　焊接接头的质量检验

一、实验目的

（1）区分焊接接头低倍组织切片中焊缝区、热影响区、母材区。

（2）观察焊接接头中焊缝区、热影响区、母材区的显微组织。

二、实验原理

焊接是通过加热或加压（或两者并用），使用（或不使用）填充材料，使焊件形成原子间的结合，从而实现永久性（不可拆卸）连接的一种加工方法。

1. 焊接接头的低倍组织

图 11-8 是 Q235 材料双面手工电弧焊焊接接头切片经 1∶1 盐酸水溶液浸蚀后的低倍组织。从切片上可以清晰地看出，焊缝结合良好，无气孔、夹渣、未焊透及裂纹等焊接缺陷，焊接接头由焊缝、热影响区、母材三部分构成。

（1）焊缝由熔化金属（它是由熔化的填料金属和母材的熔化部分混合组成的熔池的液态金属）凝固结晶而成。焊缝的低倍组织是铸态的柱状晶，从焊缝与母材的交界面沿与熔池壁相垂直的方向伸向焊缝中心。同时由于焊缝的凝固是在热源不断向前移动的情况下进行的，因此随着熔池的向前推进，柱状晶长大最有利的方向也在改变。一般情况下，熔池呈椭圆形，柱状晶垂直于熔池壁弯曲长大，在焊缝中心呈八字形分布。

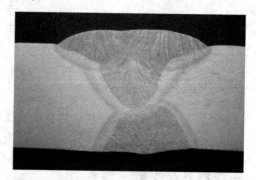

图 11-8　Q235 材料双面手工电弧焊焊接接头切片

（2）热影响区位于焊接接头上与焊缝区紧邻的母材部分，这一区域虽不算太宽，但温度范围极广，从固相线开始，直至母材的原始状态的温度，包括了过热区、重结晶区和回火温度区等。热影响区内有的组织已发生相变，所以受腐蚀后的低倍组织通常呈深灰色。

（3）母材距焊缝较远，与热影响区相邻。该区仍保持着母材原始的加工状态。

2. 焊接接头的显微组织与性能

下面说明焊缝和焊缝附近区域由于受到电弧不同程度的加热而产生的组织与性能的变化。如图 11-9 所示，左侧下部是焊件的横截面，上部是相应各点在焊接过程中被加热的最高温度曲线（并非某一瞬时该截面的实际温度分布曲线）。图中 1、2、3 等各部分金属组织的变化可用右侧所示的部分铁-碳合金状态图来对照分析。

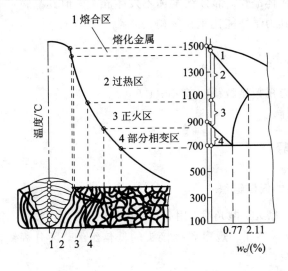

图 11-9　焊接接头组织

1）焊缝

焊缝的结晶是从熔池底部开始向中心成长的。因结晶时各个方向的冷却速度不同，从而形成柱状的铸态组织，它由铁素体和少量的珠光体组成。因结晶是从熔池底部的半熔化区开始逐次进行的，故低熔点的硫、磷夹杂和氧化铁等易偏析物集中在焊缝中心区，将影响焊缝的力学性能。因此，应慎重选用焊条或其他焊接材料。

焊接时，熔池金属受电弧吹力和保护气体吹动，熔池底部柱状晶的成长受到干扰，柱状晶呈倾斜状，晶粒有所细化。同时由于焊接材料的渗合金作用，焊缝金属中锰、硅等合金元素含量可能比母材金属高，焊缝金属的性能可能不低于母材金属的性能。

2）焊接热影响区

焊接热影响区是指焊缝两侧金属因焊接热作用而发生组织和性能变化的区域。由于焊缝附近各点受热情况不同，因而热影响区可分为熔合区、过热区、正火区和部分相变区等。

（1）熔合区：是焊缝和母材金属的交界区。此区温度处于固相线和液相线之间。由于焊接过程中母材部分熔化，所以也称为半熔化区。此时，熔化的金属凝固成铸态组织，未熔化的金属因加热温度过高而称为过热粗晶。在低碳钢焊接接头中，熔合区虽然很窄（0.1～1 mm），但因其强度、塑性和韧性都下降，而且接头处的断面发生变化，容易引起应力集中，所以熔合区是整个焊接接头最薄弱的区域，其性能在很大程度上决定着焊接接头的性能。

（2）过热区：被加热到 A_{c3} 以上 100℃～200℃ 至固相线温度之间的区域。由于奥氏体晶粒急剧长大，形成过热组织，故其强度、塑性和韧性都降低。对于易淬火硬化的钢材，此区的脆性更大。

（3）正火区：被加热到 A_{c1} 至 A_{c3} 以上 100℃～200℃ 的区间。加热时金属发生重结晶，转变为细小的奥氏体晶粒。冷却后得到均匀而细小的铁素体和珠光体组织，其力学性能优于母材金属。

（4）部分相变区：相当于加热到 A_{c1} 至 A_{c3} 的温度区间。珠光体和部分铁素体发生重结晶，转变为细小的奥氏体晶粒。部分铁素体不发生相变，但其晶粒有长大趋势。冷却后晶粒大小不均匀，因而其力学性能比正火区稍差。

三、实验用品

（1）连续变倍单筒视频显微镜（0.7×～4.5×）。
（2）焊接接头试样。

四、实验内容及步骤

1. 观察焊接接头的低倍组织

将焊接接头磨平、磨光、抛光后，用 1：1 盐酸水溶液进行浸蚀。待焊缝组织显示清晰后，清洗干净，用电吹风吹干。观察焊接接头的低倍组织，区分焊缝区、热影响区、母材区，拍照或画出示意图。

2. 观察有焊接缺陷的试样

将低倍组织试样重新磨光、抛光后，用 4% 的硝酸酒精溶液浸蚀。浸蚀后清洗干净，用电吹风吹干，在金相显微镜下观察焊缝区、热影响区、母材区的显微组织，拍照或画出示意图。

五、实验报告要求

（1）写出实验目的及所用的实验设备。
（2）写出实验步骤。
（3）分析焊接接头各区显微组织与受热情况的关系。

六、思考题

（1）何谓焊接热影响区？按受热程度的不同热影响区又可分为哪些区域？其对应的焊接显微组织是什么？

（2）哪个区域是焊接接头最薄弱的区域？为什么？结合前面学过的热处理知识，你认为通过什么样的热处理可以改善焊接接头的性能？

第 12 章　现代金相显微分析装备（Ⅲ）

　　除了在第 1 章和第 6 章介绍过的最常用的用于金相显微分析的装备外，干涉显微镜和偏光显微镜亦早已在机械工程的粗糙度测量和金相显微观测中得到了应用。这两类显微镜同时在地质、冶金、石油、半导体、医疗和制药等产业、行业也得到了广泛的应用。鉴于此，作为实训的一个方面内容编写了本章，以适应不同专业的教学需求。

12.1　光波的干涉与干涉显微镜

12.1.1　光波的干涉

　　在两个（或多个）光波叠加的区域，某些点的振动始终加强，另一些点的振动始终减弱，在该区域内观察时间里形成稳定光强弱分布的现象称为光的干涉现象。光的干涉现象是光的波动性的重要特征。光的干涉技术在科技领域中有广泛的应用。菲涅耳（A. Fresnel）等科学家用波动理论成功地诠释了 1801 年杨氏（Thomas Yang）进行的双缝干涉实验，实验见图 12-1。本节主要介绍光波的相干条件和基于双光束干涉原理而制成的干涉显微镜及其在材料研究中的应用。

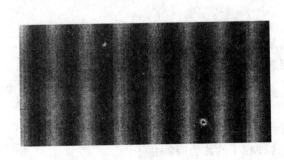

(a) 干涉图样

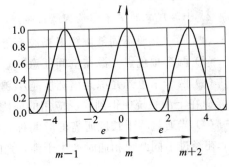

(b) 干涉条纹的强度分布

图 12-1　杨氏干涉条纹

1. 光波相干的必要条件

物理光学的研究表明，相干的必要条件如下：

（1）频率相同。

　　相干的两光波频率应该相同，否则两光波的频差会引起随时间的迅速变化而产生相位差 δ 的变化。

（2）振动方向相同。

可通过如下三种情况来讨论：① 当两光波的振动方向垂直时不产生干涉现象；② 当两束光波的振动方向相同时，相当于标量波的叠加，有可能产生干涉现象；③ 当两光波有一定夹角 α 时，相当于一个光波矢量在另一光波矢量上的分量与该矢量构成同向振动相干，与另一光波垂直分量构成了干涉场（在干涉理论中，常把观察屏幕、目镜焦平面或照相底片所在平面称为干涉场）的背景光，使干涉条纹对比度降低。由情况③可见，"振动方向相同"这一条件可推广到"有相同的振动方向分量"来描述。

（3）相位差恒定。

这可从两光波在讨论区域相遇时的确定点与该区域空间内的不同点来解释：① 对确定点，在确定时间内，相位差 $(\delta_1-\delta_2)$ 恒定，该点光强的强度才能稳定；② 对区域空间内不同点，对应不同的相位差，有不同的光强，则可形成稳定的强度强弱分布。

据上述讨论可以总结得出，光波相干的三个必要条件是：光波的频率相同，振动方向相同，相位差恒定。

2. 相干光波和相干光源

满足干涉条件的光波段称为相干光波，而相应的光源称为相干光源。

1）相干光波的获得

（1）必须由同一发光原子（发光点）发出的光波，通过具体的干涉装置（一般通过分波器或分振幅）来获得两个（或多个）相关联的光波。

（2）两个（或多个）相关联的光波相遇时，可能产生干涉。这是因为它们的频率、振动方向和相位将随原波段同步变化，各列波间仍可能有恒定的相位差。

（3）要使第（2）点的可能性变为干涉现实，还要满足补充条件——两叠加光波的光程差不超过光波波列长度。

2）干涉现象的若干影响因素

（1）同一光源不同部位辐射光波不能满足干涉条件。

（2）两个单色点光源在空间任意一点相遇能产生非定向干涉。

（3）两个单色光光源光谱宽度越小越好，否则会影响干涉条纹的可见度。这就是干涉激光源在干涉系统中得到广泛应用的原因。

（4）光通过相干长度所需的时间称为相干时间。同一光源在相干时间内可同时发出白光，在经过不同路径相遇时产生干涉，光的这种相干性称为时间相干性。

12.1.2　干涉显微镜

1. 基于双光束干涉的干涉显微镜原理

干涉显微镜是利用光波的干涉原理精确测量试样表面高度微小差别的计量仪器。按其原理可以分为多束干涉显微镜和双光束干涉显微镜两类。这里仅就基于双光束干涉的显微镜进行论述。

干涉显微镜是根据光波干涉原理设计制造出来的。图 12-2(a) 为其光学系统示意图。由光源 1 发出的光线经聚光镜 2、滤色片 3、光阑 4 及透镜 5 后成平行光束，射向半反半透的分光镜 7 后分成两束：一束光线通过补偿镜 8、物镜 9 到平面反射镜 10，被 10 反射又回

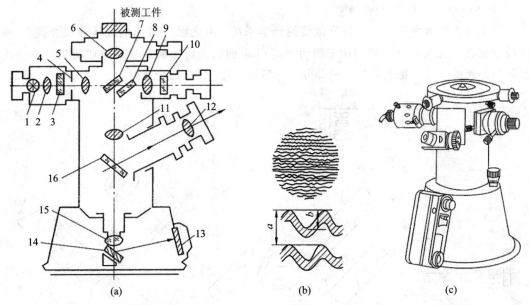

1—光源；2、11—聚光镜；3—滤色片；4—光阑；5—透镜；6、9—物镜；7—分光镜；8—补偿镜；
10—平面反射镜；12—目镜；13—照相底板；14—反光镜；15—摄影物镜；16—反射镜

图 12-2　干涉显微镜

到分光镜 7，再由 7 经聚光镜 11 到反射镜 16，由 16 进入目镜 12；另一束光线向上通过物镜 6，投射到被测零件表面，由被测零件表面反射回来，通过分光镜 7、聚光镜 11 到反射镜 16，由 16 反射也进入目镜 12。这样，在目镜 12 的视场内可以观察到这两束光线因光程差而形成的干涉带图形。若被测试样表面粗糙不平，则干涉带将如图 12-2(b)所示的弯曲状；图 12-2(c)为干涉显微镜的外形示意图。

2. 典型仪器结构

现以国产 6JA 型干涉显微镜为例介绍该类仪器的结构。

1）仪器的主要技术参数

6JA 型干涉显微镜的主要技术参数如下：

物镜的数值孔径：0.65。

物镜的工作距离：0.5 mm。

仪器的视场：

　　目镜系统：ϕ25 mm。

　　照相系统：0.21mm×0.15 mm。

仪器的放大倍数：

　　目视系统：500×。

　　照相系统：168×。

测微目镜放大倍数：12.5×。

绿色干涉滤色片波长：530 nm。

绿色干涉滤色片半宽度：10 nm。

2）仪器的光学系统分析

图 12-3 所示为 6JA 型干涉显微镜的光学系统。由光源 S 发出的光线经聚光镜 O_5 和 O_6 投射到孔径光阑 Q_2 上，照明位于照明物镜 O_7 前面的视场光阑 Q_1。通过照明物镜的光线投射到分光镜 T 上，把光束分成两部分：一部分反射，另一部分透射。

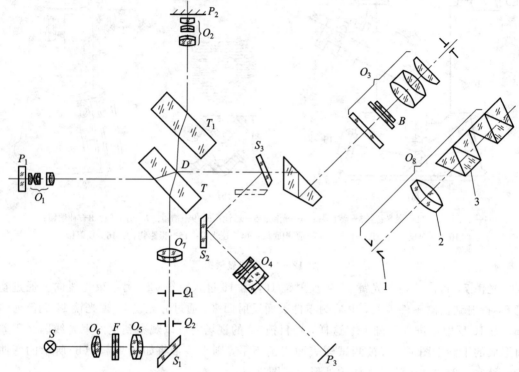

1—狭缝；2—目镜；3—色散棱镜；O_1、O_2—物镜；O_3、O_8—目镜；O_4—照相镜头；P_1—标准反射镜；
P_2—工件；P_3—照相底板；S—光源；O_5、O_6—聚光镜；F—滤光片；S_1、S_2、S_3—反射镜
Q_1—视场光阑；Q_2—孔径光阑；T—分光镜；T_1—补偿板；O_7—照相物镜

图 12-3　6JA 型干涉显微镜的光学系统

从分光镜 T 反射的光线经物镜 O_1 射向标准反射镜 P_1，再重新通过物镜 O_1、分光镜 T，射向目镜 O_3；从分光镜透射的光线，通过补偿板 T_1、物镜 O_2 射向工件 P_2 表面，反射后重新经过物镜 O_2、补偿板 T_1、分光镜 T，射向目镜 O_3。在目镜焦平面上两束光相遇，产生干涉，形成条纹。

使用单色光，测量精度可以更精确一些。为此，仪器备有绿色滤光片 F，可以移入或移除光路。由于单色光相干性能较好，便于寻找干涉条纹，所以使用仪器时应先将滤光片移入光路中。反射镜 S_3 亦可移入光路，以便通过照相镜头 O_4 记录干涉条纹。目镜 O_8 在分划板上有一狭缝，即只截取工件表面细长的一部分，然后经直视棱镜色散形成所谓的等色级条纹，以便对加工粗糙的或者呈粒状的工件表面产生规则的干涉条纹，便于测定。

如果挡住射向标准反射镜的一光路，则工件 P_2 表面经物镜 O_2 成像在 B 处，即在视场中能看到试样表面的像。它与工件表面的微观平面度形成的干涉条纹一一对应。此即为干涉显微镜用于试样微小高度差测量的原理。

3) 仪器的鲜明特色——狭缝目镜的使用

由于试样表面加工纹路混乱,无法用普通的测微目镜进行测量,为此在 6JA 型仪器中使用了狭缝目镜,如图 12-3 中"O_8"所示,狭缝目镜由缝隙 1、目镜 2 和色散棱镜 3 组成。

使用时,用狭缝目镜代替测微目镜。在仪器结构上保证狭缝 1 的平面与原来测微目镜分划板位置重合,即位于干涉场上,故它和试样表面共轭,也就是工件表面成像在狭缝平面上。使用狭缝目镜,实质上是在试样表面截取一很细狭带,以使表面混乱的纹路规则化。事实上,经狭缝目镜后我们将能看到彩色的黑色条纹(即所谓的等色级条纹)。

在使用狭缝目镜之前,应先用测微目镜,用白光进行照明,在仪器视场中得到干涉条纹,并使条纹位于水平方向。然后换上狭缝目镜,使狭缝长度方向与条纹相平行(见图12-4)。这时,当狭缝宽度调到 0.01 mm 左右时,即可观察到彩色光谱中有黑色的干涉条纹。转动仪器手轮,可改变两束光路的光程差和干涉条纹的间距。

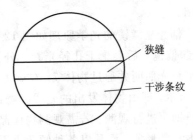

图 12-4　狭缝目镜的狭缝与干涉条纹

由于狭缝位于干涉场上,故狭缝的每一点上集结着两支光路射来的各种波长的两束光线。因为狭缝与干涉条纹相平行(或重合),而干涉条纹是两支光路射来光线的等光程差的轨迹,所以狭缝上集结着等光程差的两束光线,它们经色散棱镜后,一起色散成彩色光谱。

3. 干涉显微镜的应用

1) 试样表面粗糙度的测定

如图 12-3(b)所示,若被测试样表面粗糙不平,干涉带即成弯曲状。由测微目镜读出相邻量干涉带距离 a 及干涉带弯曲度 b。因光程差每增加半个波长,即形成一条干涉带,故被测试样表面微观的不平度的实际高度为

$$H = \frac{b}{a} \times \frac{\lambda}{2} \tag{12-1}$$

式中,λ 为光波的波长。

2) 材料塑性变形和相变浮凸的测量

因材料塑性变形和相变浮凸都相对于原来的表面产生很小的高度差,故干涉显微镜能够很容易把这些高度差检测出来,可检测到数十纳米的差异。

12.2　透射偏光显微镜

12.2.1　概述

基于落射偏光金相显微镜附件的偏振光装置,本节将介绍特种显微镜——透射式偏光显微镜,它是利用光的偏振特性对具有双折射的物质进行研究鉴定的必备仪器。因为用偏光可显示出用自然光看不到的化学中各种盐类、人体器官活细胞结晶内含物、各种动植物细胞纤维等,也可以区别正常细胞(对偏振光是左旋)和肿瘤细胞(多是右旋)。透射偏光在

金相学和医学上有广泛的用途。下面对透射偏振光显微镜(简称偏振显微镜)进行介绍。

12.2.2 偏光显微镜的光学原理

偏光显微镜与一般显微镜的主要区别是增加了两个偏光镜。自然光通过下偏光镜(起偏镜)后,成为振动方向固定的平面偏振光。上偏光镜也称为检偏镜。这两个偏光镜中至少有一个是可以转动的,当它们的透光轴互相平行时,透过的光最强。若将它们的透光轴调节成互相垂直的位置(称为正交),则完全消光。一般情况下,偏光显微镜放置在正交位置使用。

偏光显微镜的光学原理如图 12-5 所示。由光源 1 发出的光线经集光镜 2、视场光阑 3、起偏镜 4 后会聚于孔径光阑 5 处。孔径光阑位于聚光镜 6 的物方焦平面。因此,光束将以平行光照明并通过物体 7。在观测物体表面结构时,采用正交观察光路,成像如图 12-5(a)所示,即由物体发出的光线经物镜 8 后成像于目镜前焦平面的分划板 11 上,人眼通过目镜即可进行观测。若需观测物体晶轴的情况,则应作锥光观察,这时所观察的并不是样品本身的形象,而是以各种倾角入射的平行偏光(即所谓的锥形偏光)经过晶体后所发生的消光与干涉现象的总和。在上述照明时,该干涉图像将成像于物镜像方焦平面上(见图 12-5(b)的"9")。为了观测到该干涉,在检偏镜 10 和目镜 12 之间引入一组透镜 14,该透镜组称为勃氏镜,其作用是将物镜像方焦平面 9 上的干涉图像成像于目镜 12 的物方焦平面 11 上,人眼通过目镜即可观测该干涉图像的情况。加入勃氏镜可以看到放大的干涉图,但图像模糊。若不用勃氏镜,则应将目镜去掉,能较清楚地用眼睛直接看到物镜像方焦平面的像。

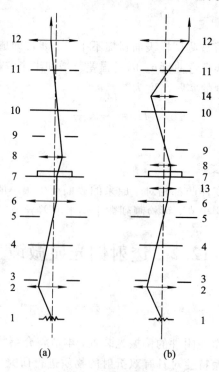

图 12-5 偏光显微镜的光学原理

12.2.3　偏光显微镜的结构

偏光显微镜的结构如图 12 - 6 所示。

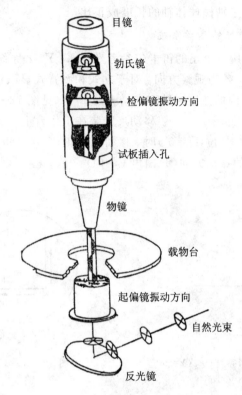

目镜

勃氏镜

检偏镜振动方向

试板插入孔

物镜

载物台

起偏镜振动方向

自然光束

反光镜

图 12 - 6　偏光显微镜结构示意图

　　早期的偏光镜多使用方解石(Calcite)棱镜,它们虽有一定的优点,但价格昂贵。近 30 年来一般的偏光显微镜多采用人造偏振片作为偏光镜,它们不通过某种特定的反射,而通过吸收来消除不需要的偏振成分。人造偏振片不仅可以获得比较满意的偏振光,而且价格低廉。

　　为了使偏光显微镜有效地工作,在上偏振镜和下偏振镜之间的光学零件(如物镜、聚光镜)必须没有应力。一般萤石(特别是人工萤石)具有内应力,会引起双折射现象,故不应采用。在玻璃退火和光学零件装配过程中要十分小心,避免应变。同时,使偏光显微镜具有大视场也很重要。

12.2.4　偏光显微镜参考系统和无应力物镜性能

　　本节介绍偏光显微镜参考系统、偏光显微镜系列无应力消色差物镜的主要技术性能。

1. 偏光显微镜参考系统

国家专业标准(ZBY 330.1—85)规定的参考系统适用于偏光显微镜及其附件。

1）原理

在参数（压力、温度、波长）不变的情况下，各向异性、非均质、非吸收的晶体的光学性质可以用一个三轴椭圆球体和一条垂直轴来描述。

折射率 n_a、n_β 和 n_γ 与三轴椭球体轴的长度成正比。

2）旋转方向和位移坐标的参考系统

偏光显微镜参考系统用一个正的笛卡尔参考坐标 X、Y、Z 系统作为基础来表示，其中 Z 轴方向系光线传播方向，$\bar{Z}$ 为观察方向。对于立式和倒置式显微镜，通过目镜观察，可测出其垂直于 Z 轴方向平面内的按逆时针方向增大的 U 角（见图 12-7）。

（1）工作台和移动尺（见图 12-8）。移动尺安装在工作台上，以便使物体能在 X、Y 方向上移动。当工作台处于"零"位（$U=0°$）时，移动尺的正 X 方向和参考方向（东西方向）是一致的，即平行于偏振光的振动方向（起偏角 $V=0°$）。

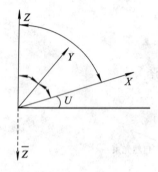

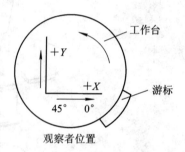

图 12-7　偏光显微镜参考系统（$\angle XY=90°$，　　　　　图 12-8　工作台和移动尺
　　　　　　$\angle XZ=90°$，$\angle YZ=90°$）

（2）起偏镜和检偏镜（见图 12-9）。起偏镜和检偏镜的透射方向为东西方向，和参考方向一致（$U=0°$）。起偏镜和检偏镜的旋转角度按逆时针方向转动为正。正交偏光位置是：起偏镜 $V=0°$，检偏镜 $W=90°$。

（3）补偿器（见图 12-10）。补偿器安装放在镜筒的标准槽内，补偿器折射率较高（n_7）的方向与参考方向的夹角为 45°。

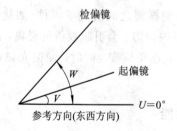

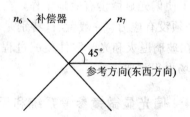

图 12-9　起偏镜和检偏镜的旋转角度　　　　　图 12-10　补偿器折射率较高（n_7）方向

2. 偏光显微镜系列

国家专业标准（ZBY 330.1-85）适用于能产生偏振光和观察光性物体的显微镜。偏光显微镜系列应符合表 12-1 的规定。

表 12 - 1 偏光显微镜系列

参数及性能项目		形式	实验室偏光显微镜			研究用偏光显微镜
			透射式	反射式	透反式	
无应力物镜	类别		消色差或平场消色差			平场消色差或平场半复消色差
	放大率	透射	(2.5×), 4×, 10×, 25×, 40×, 63×, (100×)		(1×), (2.5×), 4×, 10×, 25×, 40×, 63×, (100×)	(1×), (2.5×), 4×, 10×, 25×, 40×, 63×, (100×)
		反射		5×, 10×, 20×, 50×, 100×	(2.5×), 5×, 10×, 20×, 50×, 100×	(2.5×), 5×, 10×, 20×, 50×, 100×
目镜	放大率	平场	12.5× 或 10×			
观察形式			单目或双目			双目
聚光镜系统			消色差聚光镜数值孔径≥0.9；(1.3)		消色差聚光镜数值孔径≥0.9；(1.3)	消色差聚光镜数值孔径≥0.9；(1.3)
照明装置			适合各种用途的人工照明装置			
工作台			移动尺：移动范围为 30 mm×40 mm 旋转工作台：可转动 360°			
微动机构			微调范围不小于 1.8 mm，格值为 0.002 mm			
物镜转换器			三孔或三孔以上			四孔或四孔以上
附件	必备件		十字带尺平场目镜、一级红补偿器、λ/4 补偿器、石英锲补偿器、中性滤色片、蓝色滤色片、移动尺	十字带尺平场目镜、一级红补偿器、λ/4 补偿器、石英锲补偿器、中性滤色片、蓝色滤色片、垂直照射器、压平器、移动尺	十字带尺平场目镜、一级红补偿器、λ/4 补偿器、石英锲补偿器、中性滤色片、蓝色滤色片、垂直照射器、压平器、移动尺	十字带尺平场目镜、网格平场目镜、一级红补偿器、λ/4 补偿器、石英锲补偿器、垂直照射器、摄影装置、自动曝光装置、0.01 mm 测微尺、各色滤色片
	选购件		网格平场目镜、摄影装置、0.01 mm 测微尺			倾斜补偿器、旋转椭圆补偿器、暗视场聚光镜、相衬装置、荧光装置、穿孔目镜、万能旋转台(费氏台)、浸没反差物镜、1350 型热台、1750 热台、显微硬度计、显微光度计

注：括号内的数字为选购附件的参数。

3. 偏光显微镜无应力消色差物镜的主要技术性能

国家专业标准(ZBY 330.1—85)规定了偏光显微镜无应力消色差物镜的技术要求，现摘要如下：

(1) 物镜应校正好像差。用显微镜物镜干涉仪检验时,球差和色差不应超过 $\lambda/2$。彗差和像散不应超过 $\lambda/4$(λ 为所使用光线的波长)。

(2) 物镜光轴对螺纹轴线的同轴度不应超过 $\phi 0.04$ mm(对小于 $4\times$ 的物镜不作要求)。

(3) 放大率的极限偏差为 $\pm 5\%$。

(4) 物镜不应有应力。

(5) 数值孔径的极限偏差为 ± 0.025。

(6) 保护标本功能必须在整个缓冲行程范围内起作用,压缩镜头所需的力不应大于 5 N,但也不可小于 2 N。

(7) 油浸物镜不应有渗油现象。

12.2.5 偏光显微镜产品结构和基本操作

现以中国粤显广州光学仪器有限责任公司生产的 XPL - 3200 型偏光显微镜新产品为例,介绍该产品的结构以及基本操作。

1. 仪器特点与应用

XPL - 3200 型偏光显微镜是用于研究透明与不透明各向异性材料的一种光学仪器。它采用无限远光学系统,配置长工作距离平场物镜、大视野目镜与偏光观察装置,可提供优良的光学与机械操作性能,是药物学、地质学、机械、冶金等部门用来研究结晶、矿物、岩石和金相组织的重要工具,也可供地质、冶金、石油、半导体工业、化工、纺织、医疗、制药检验等行业以及各类院校相关教学、实验室研究使用。

XPL - 3200 型偏光显微镜部件详见图 12 - 11 和图 12 - 12。

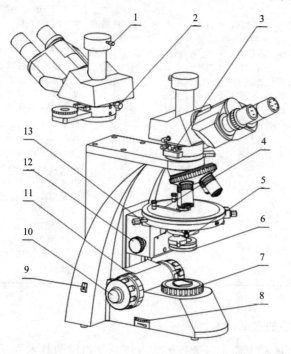

1—接头锁紧螺钉;
2—镜体锁紧螺钉;
3—勃氏镜调中螺钉;
4—标本夹;
5—聚光镜(带孔径光阑);
6—起偏器;
7—集光器(带视场光阑、滤色片座);
8—亮度调节旋钮;
9—电源开关;
10—微动调焦手轮;
11—调节松紧手轮;
12—聚光镜升降手轮;
13—载物台调中螺钉

图 12 - 11 XPL - 3200 型偏光显微镜部件图(之一)

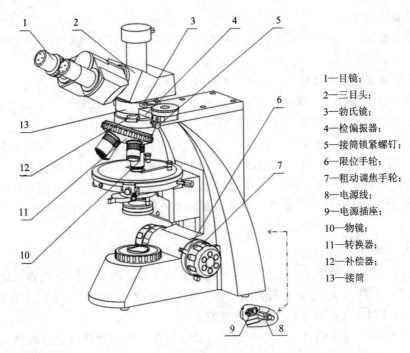

1—目镜；
2—三目头；
3—勃氏镜；
4—检偏振器；
5—接筒锁紧螺钉；
6—限位手轮；
7—粗动调焦手轮；
8—电源线；
9—电源插座；
10—物镜；
11—转换器；
12—补偿器；
13—接筒

图 12-12　XPL-3200 型偏光显微镜部件图（之二）

2. 基本操作

1）照明装置的操作

（1）照明器的电源开关和亮度调节旋钮在仪器的下方。整个电气系统都受保险丝管保护，保险丝座在电源插座内。

（2）打开电源开关，使照明器处于工作状态，参照图 12-13。如果灯不亮，请检查亮度调节旋钮是否处于过低的位置。

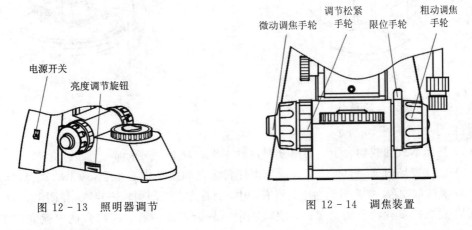

图 12-13　照明器调节　　　　　图 12-14　调焦装置

2）调焦装置的操作

调焦装置见图 12-14，其具体操作要点如下：

（1）粗动调焦手轮控制。粗动调焦手轮控制由位于架身两侧的粗动调焦手轮实现，微动调焦则由同轴的微动调焦手轮实现。这种同轴的设计可提供方便、精确的控制，而不会带来不便和自流现象。

（2）调焦操作。通过转动任一调焦手轮均可以升高或者降低载物台，微动调焦手轮的最小格值是 $2~\mu m$。

（3）松紧调节。在本仪器出厂之前，粗动调焦手轮已经预设到一个松紧合适的程度。如果操作者希望调节松紧，首先可以在架身和右调焦手轮之间找到调节松紧手轮，旋转它就可以改变调焦的松紧。如果太紧，则有可能导致操作的不适。

（4）预设限位手轮。这项调节可以确保在使用工作距离比较短的物镜时不至于碰到台面或标本。其调节方法是：使用低倍物镜，用粗动调焦手轮调焦至标本清晰，向自己方向旋转就可以设置粗动调焦的限位。当更换标本或者物镜之后，就可以方便地旋转粗动调焦使之手轮调节到此预设位置，然后利用微动调焦手轮进行调焦，限位手轮并不作用于微动调焦。

3）视度与瞳距调节

（1）视度调节。通过位于左目筒上的视度调节环，可以修正不同使用者双眼视度的个体差异，见图 12-15。利用 $40\times$ 的物镜，单独用右眼观察样本，调焦至成像清晰，然后用左眼观察，慢慢调节视度调节环使左眼也能观察到清晰的像。

（2）瞳距调节。适当的瞳距能带来舒适的观察效果。瞳距的调节通过铰链式的双目镜筒"折叠"来实现（参照图 12-15）。

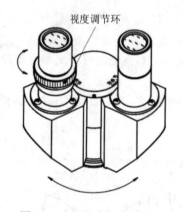

图 12-15 视度与瞳孔调节

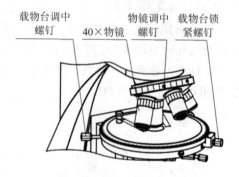

图 12-16 载物台

4）旋转式载物台的操作

载物台如图 12-16 所示。

（1）把标本放到载物台上，利用分划目镜和 $40\times$ 物镜观察标本。

（2）定位视场内某一目标点，移动标本使目标点和视场中心重合，见图 12-17(a)。

（3）旋转载物台，如果载物台中心没有调中，目标点会以圆周轨迹旋转，见图 12-17(b)。

（4）适当调节载物台调中螺钉，使轨迹中心靠近视场中心，载物台调中就完成了，见图 12-17(c)。

（5）其他倍数的物镜如果不在中心，可以调节物镜调中螺钉把物镜调至光轴的中心。

（6）拧紧载物台，锁紧螺钉，使其不能旋转。

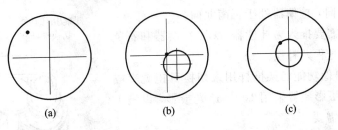

图 12 - 17　旋转载物台操作

5）聚光镜装置的操作

（1）聚光镜的组成。聚光镜在载物台下面，见图 12 - 18。左右两边各有一颗螺钉，用于聚光镜的调中，旋转聚光镜升降手轮可以升高或者降低聚光镜。

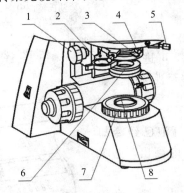

1—聚光镜升降手轮；

2—聚光镜升降滑轮；

3—可变光阑；

4—可变光阑调节杆；

5—工作旋转调节把手；

6—滤色片座；

7—聚光镜光阑调节座；

8—聚光镜

图 12 - 18　聚光镜部分操作

（2）聚光镜的调节。此操作参照图 12 - 19。

① 如果聚光镜没调节好，则光阑像不清晰并且不在视场中心，如图 12 - 19(a)所示。

② 调节聚光镜升降手轮使光阑像边缘清晰。然后通过两颗聚光镜调中螺钉把聚光镜调中，如图 12 - 19(b)所示。

③ 通过上述调节后，调节视场光阑调节环，把视场光阑调节到比视场稍大即可，如图 12 - 19(c)所示。

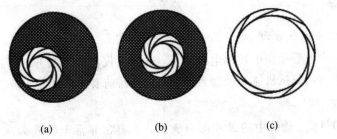

图 12 - 19　聚光镜调节

（3）根据需要在滤色片座上放入滤色片以改善照明效果。

（4）使用不同倍数的物镜时，可以适当调节孔径光阑，推入辅助聚光镜。

6）偏光观察

（1）旋入起偏器和推动检偏器到工作位置，仪器处于偏光观察工作状态。通过转动检偏器调节盘（见图 12 - 20）和转动起偏器，把它们的刻度调到"0"位，可达到正交状态，即起偏器处于正东西向，检偏器处于正南北向。

（2）可根据需要推入 λ 补偿器、λ/4 补偿器和石英锲补偿器，进行光程差补偿。

（3）观察/摄像功能切换推杆用来切换目镜观察或摄影。本仪器的摄影装置采用 100％透光摄影，以满足更高要求的摄影需要。

注意：如果之前调整过聚光镜，可能要重新调整起偏器，见图 12-20。把检偏器推入光路，并把检偏器和起偏器都调到"0"，松开聚光镜锁紧螺钉，慢慢旋转聚光镜使观察到的视场最黑，然后重新锁紧聚光镜锁紧螺钉。

7）锥光观察

见图 12-20，在光路中推入勃氏镜，可进行锥光观察。调节勃氏镜调中螺钉，可使图像移至视场中。

3. 更换灯泡

（1）关掉电源，拔掉电源线，确认灯泡已经冷却后，松开灯门锁紧螺钉，把灯座从底板内翻出，见图 12-21。

（2）慢慢地把钨卤素灯泡从灯座中取出。把一个新灯泡插入灯座的插孔内，安装时注意不要直接触碰到灯泡。备用灯泡一般会用塑料袋包好，如果没有，则用镜头纸或干净的布抓紧灯泡，这样可以防止弄脏灯泡（灯泡被弄脏会影响灯泡的亮度和使用寿命）。重新关上灯门并锁紧螺钉。如有需要，可以松开灯泡调中螺钉调节灯泡的位置。

4. 仪器维护

1）擦拭机体与载物台面

擦拭前应从主电源插座中拔掉电源插头，以确保仪器电源断开。然后用干净柔软的抹布蘸少许中性清洁剂擦拭机体与载物台面。使用仪器前要确认仪器干燥。

2）擦拭光学部件

显微镜中的目镜、物镜中的镜片都有镀膜，不要在非常干燥或大灰尘的环境下擦拭。擦拭时首先把可见的灰尘吹去，然后用棉签或抹镜纸蘸少许镜片清洁剂或无水酒精擦拭镜片表面，不可使用如二甲苯之类的溶剂擦拭镜片。

3）擦拭 100× 含油物镜

每次使用完之后都应该用棉签或抹镜纸蘸少许镜片清洁剂或无水酒精把油擦干净。

特别注意：切勿自行拆卸光学部件，以免损坏仪器！

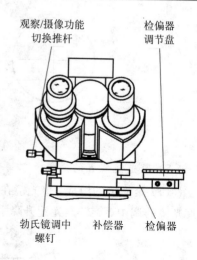

图 12-20 偏光观察

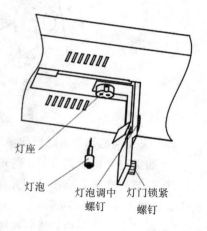

图 12-21 更换灯泡操作

第 13 章　显微摄影和金相照片制作

长期以来，显微摄影几乎成了记录显微图像的唯一手段，而暗房技术又是制作图像照片的"摇篮"。随着金相显微镜的现代化，显微摄影基本上完成了其"历史使命"，考虑到材料与工程专业学生在未来的职业生涯中，还可能会对显微摄影和金相照片制作有需求，于是编写了本章，作为工程实训的又一个方面的内容。

13.1　显微摄影光学系统及显微摄影装置

显微摄影（Photomicrography）指用摄影方法记录标本的显微图像的过程，而摄影装置是实现显微摄影的装备。据 JB/T 10077－1999《金相显微镜》规定，摄影装置是实验室显微镜、研究显微镜必备的重要附件。我国显微镜行业在 20 世纪 80 年代初已开发出国产摄影装置，可惜一直没有大的改进。近年来，国外对显微摄影装置作了较大的改进。从有关资料可以看到，这种改进主要是取消了附加的摄影对焦镜筒，结构大为简化。

1. 显微摄影成像及对焦光学原理

显微摄影装置是一种以摄影方法记录各类显微镜中所看到的各种显微图像的显微镜的重要附件。显微摄影装置可用于生物学、细菌学、药学、遗传学、优生学和微循环等的生物研究和金相研究，以及其他领域的科学研究，将重要的研究标本、成果拍摄保存。图 13－1(a)所示是与显微镜相连接的摄影装置示意图。由图 13－1 可见，摄影装置由摄影目镜 1、摄影对焦镜筒 2、反射镜 3、照相机暗箱 4、机械接筒 5 和卡口 6 六个基本部分组成。图 13－1(b)是显微摄影装置的外形图。

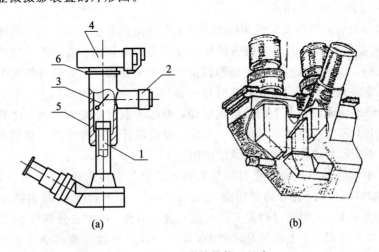

(a)　　　　　　　　　(b)

图 13－1　显微镜推拉三目头

显微摄影原理如图 13-2 所示。物体 2 由光源 1 经柯勒照明系统照明，经物镜 3 后成一放大实像，再经摄影目镜 4 后又一次放大成像在底片 5 上。目镜观察系统 6 中的半五角棱镜在摄影时从光路中移去，使从物镜射出的光线投射到摄影目镜上。移入棱镜后，从物镜反射的光线将由棱镜反射后射入目镜。当把左下的拉杆向左拉，半五角棱镜移出光路，由一块平行平面板代替时，光线将射向摄影目镜。

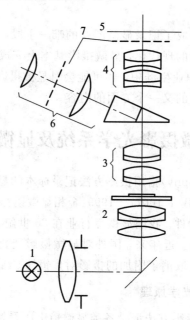

图 13-2　显微摄影原理

显微摄影成像原理如图 13-3 所示。摄影时，物体 AB 经物镜 O_1、摄影目镜 O_2 两次放大后成像于底片 $A'B'$ 上，为使整个共轭物像距 L 不至于太大，摄影目镜应设计成负目镜为好。

设计摄影目镜时必须注意，中间像 A_1B_1 的大小是由物镜所决定的。摄影目镜的放大倍数应按 $2A'B'/(2A_1B_1)$ 来计算。

为使物镜和摄影目镜所成的像正确地成在胶片上，由光学原理可知，物体经物镜所成的中间像面 7（参见图 13-2）对目镜或摄影目镜而言是共轭的。若人眼从目镜看到清晰像（通过调焦达到），似乎该像也应成在摄影目镜光路中间像面 7 上，因为像面 7 和胶片平面对摄影目镜而言在设计时是共轭的，此时理应获得清晰照片。但实际上，由于人眼有景深的缘故，中间像即使成在像面 7 的前面或后面，看起来也可能是清晰的，此时该像面与胶片平面将不共轭，不能获得清晰的照片。为此，专门设计了一种摄影对焦镜筒，以克服此缺点。图 13-4 所示为这种装置的光学原理图。

图 13-4 中，3、4、5 构成一个对焦显微镜，其中 3 为对焦物镜，4 为分划板，5 为目镜。通过粗、细调焦机构，使物体经物镜（图中未表示）、摄影目镜 1、反射镜 2、对焦物镜 3 后成像在分划板 4 上，人眼通过目镜 5 即可进行观察对焦。由于有分划板 4，因而消除了人眼景深的影响。若分划板 4 上的像是清晰的，则可转动反射镜 2（或移动），使由物镜来的成像光线经摄影目镜后直接成像在底片平面 6 上，以进行显微摄影。因为该装置的底片平面 6 和分划板 4 均与物体共轭，故当分划板上成像清晰时，底片上的像也必然是清晰的。

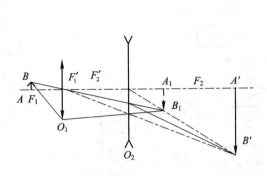

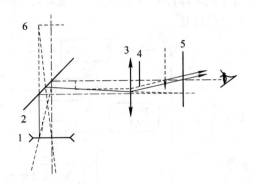

图 13 - 3　将负目镜用于显微摄影成像的光学原理　　图 13 - 4　显微摄影对焦光学原理

2. 显微摄影装置

显微摄影装置主要由照相目镜、对焦目镜、暗箱、投影屏、暗盒、快门等组成。下面介绍带摄影装置的金相显微镜。

图 13 - 5 是带摄影装置的 XJ - 16 型金相显微镜。

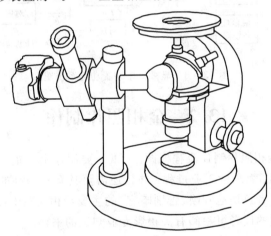

图 13 - 5　带摄影装置的 XJ - 16 型金相显微镜外形图

这种显微镜在安装时必须注意：目镜管与承轴及照相组件的中轴成一直线，如有高低，要用支柱上的调节环调节。在安装目镜时要注意使摄影目镜外端平面与专业接头套面位于一个平面上，不能有凸出或者凹进，因为摄影的放大倍数和摄影目镜与底片的投射距离有着密切关系，距离不准确，会直接影响放大倍数，使照片上的放大倍数与计算机的摄影放大倍数（物镜的放大倍数×照相目镜的放大倍数）不符。摄影时，可将光路转入对焦目镜中，拍摄者可观察对焦目镜视场中的显微组织并进行调焦。

3. 显微摄影装置的功能系统分析

借助价值工程这一先进的管理技术与方法，不仅可加深对显微摄影装置的了解，还可剖析出物化在先进的国外显微摄影装置中的技术秘密。

以显微摄影装置作为产品改进的价值工程对象，通过功能定义和功能整理，画出功能系统图，如图 13 - 6 所示。从图 13 - 6 中可直观地看出，照相机暗箱的"取景器对焦"和摄影对焦镜筒部件的"对焦光路"功能重叠。可见，国产产品功能过剩，需消除这一过剩功能，实现产品优化。

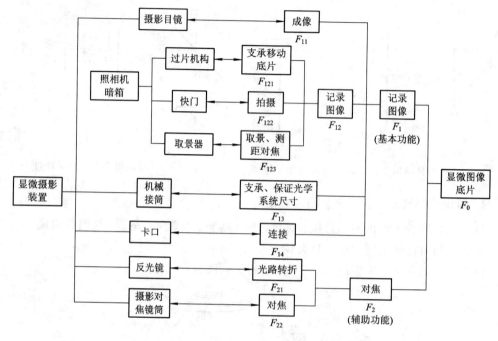

图 13-6　显微摄影装置功能系统图

13.2　金相照片制作

图 13-7 所示为金相照片制作流程框图。可见，要制作出一幅满意的金相照片相当不容易，要经过较长时间、繁琐的工业过程，并且还需要具有相当高的摄影专业素养的操作人员。这就是金相工作者急切地呼唤"告别暗室"的主要缘由。限于篇幅，金相照片制作的简介到此为止。感兴趣的读者可参阅有关摄影专业知识的书籍。

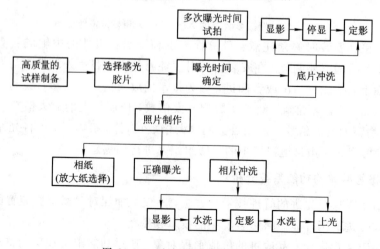

图 13-7　金相照片制作流程框图

附录 A 常用金相检验标准索引

GB/T 224—2008 钢的脱碳层深度测定法

GB/T 225—2006 钢淬透性的末端淬火试验方法（Jominy 试验）

GB/T 226—1991 钢的低倍组织及缺陷酸蚀检验法

GB/T 1979—2001 结构钢低倍组织缺陷评级图

GB/T 7216—2009 灰铸铁金相检验

GB/T 9441—2009 球墨铸铁金相检验

GB/T 9450—2005 钢件渗碳淬火硬化层深度的测定和校核

GB/T 10561—2005 钢中非金属夹杂物含量测定 标准评级图检验方法

GB/T 13298—1991 金属显微组织检验方法

GB/T 13299—1991 钢的显微组织评定方法

GB/T 13302—1991 钢中石墨碳显微评定方法

GB/T 13320—2007 钢制模锻件 金相组织评级图与评级方法

GB/T 5617—2005 钢的感应淬火或火焰淬火后有效硬化层深度的测定

GB/T 6394—2002 金属平均晶粒度测定法

JB/T 9204—2008 钢件感应淬火金相检验

QC/T 262—1999 汽车渗碳齿轮金相检验

GB/T 231.1—2002 金属布氏硬度试验 第1部分：试验方法

GB/T 231.2—2002 金属布氏硬度试验 第2部分：硬度计的检验与核准

GB/T 231.3—2002 金属布氏硬度试验 第3部分：标准硬度块的标定

GB/T 4340.1—1999 金属维氏硬度试验 第1部分：试验方法

GB/T 4340.2—1999 金属维氏硬度试验 第2部分：硬度计的检验与核准

GB/T 4340.3—1999 金属维氏硬度试验 第3部分：标准硬度块的标定

附录 B　常用金相显微分析装备相关标准索引

JB/T 10077—1999　金相显微镜

GB/T 22057.1—2008　显微镜 相对机械参考平面的成像距离 第 1 部分：筒长 160 mm

GB/T 22057.2—2008　显微镜相对机械参考平面的成像距离 第 2 部分：无限远校正光学系统

GB/T 2609—2006　显微镜 物镜

GB/T 9246—2008　显微镜 目镜

GB/T 22059—2008/ISO 8039：1997　显微镜 放大率

GB/T 22056—2008　显微镜 物镜和目镜的标志

GB/T 22063—2008　显微镜 C 型接口

GB/T 22132—2008　显微镜 可换目镜的直径

JB/T 8230.1—1999　光学显微镜 术语

GB/T 19864.1—2005　体视显微镜 第 1 部分：普及型体视显微镜

GB/T 19864.2—2005　体视显微镜 第 2 部分：高性能体视显微镜

附录 C　纯金属合金中各相、硬质合金和常见化合物的显微硬度值(HM)

附表 C-1　某些纯金属的显微硬度值(Е.В.дaHHaHKO等)

(荷重 10~50 g 的显微硬度值范围)

金属	表面处理	显微硬度值 HM
铝	铸造光滑表面(铸于抛光平板上)	18.0~21.0
	гoд 膏抛光表面	25.0~32.0
	形变后 400℃退火 4 h,不抛光	21.0~25.0
铜	电解铜经过再熔化,不抛光	32.0~42.0
	电解铜经过再熔化,机械抛光	75.0~94.0
	形变后 700℃退火 1 h,砂纸磨后电解抛光	56.0~66.0
锌	铸造不抛光	47.0~57.0
	铸造机械抛光	58.0~61.0

附表 C-2　合金中各组成相的显微硬度值 HM

(根据许多学者测定的结果)

组成相	荷重/g	压痕对角线长/μm	HM	测定学者
Ⅰ.钢及铸铁:				
奥氏体		10	340~450	Onitsch
			239	Hanemann
贝氏体	30		485	Girschig
渗碳体		10	1020~1080	Onitsch
	100		771	Vidman
			750~980	Unckel
			595~825	Somner, Von Zoepffle
	50		612	Taylor
	35		820	Lips, Sack
铁素体	10		225	Bergsman
	20		266	Taylor
	5		69~93	Somner, Von Zoepffle
	30		205	Girschig
	25		215	Bergsman
			170	Unckel
		10	150~250	Onitsch
石墨	2		2~4	Somner, Von Zoepffle
	20		11	Taylor

组成相	荷重/g	压痕对角线长/μm	HM	测定学者
马氏体	10		760	Bergsman
			868~1100	Hanemann
	35		865	Lips，Sack
			670~1200	Onitsch
	25		800	Bergsman
珠光体	20		175~225	Somner，Von Zoepffle
			310~320	Unckel
珠光体	100		142	Vidman
	25		250~350	Lips
		10	350~500	Onitsch
	25		217	Lysaght
	20		212	Taylor
	35		300~395	Lips，Sack
索氏体		10	230~320	Unckel
磷共晶	20		370~480	Somner，Von Zoepffle
	100		300	Vidman
	35		775	Lips，Sack
Ⅱ. 铝合金				
Al_4Ba		10	280	Saulnier
Al_4Ca		10	200	Saulnier
Al_3Ca		5~10	208	Schulz，Hanemann
Al_9CO_2		5~10	735	Schulz，Hanemann
		10	450	Saulnier
Al_7Cr		5	500	Saulnier
		5~10	510	Schulz，Hanemann
$Al_{11}Cr_2$		5~10	710	Schulz，Hanemann
		5	700	Saulnier
Al_2Cu		5~10	560	Schulz，Hanemann
			395	Lips，Sack
	5		780	Hanemann
	16.9		454	Perryman
		5~20	560	Saulnier
	50		390	Moff
		10	540~560	Onitsch
Al_3Fe		5	600	Saulnier
		5~10	960	Schulz，Hanemann
β(Al-Fe-Si)	5		260~370	Somner，Von Zoepffle
Al_2Mg_3		5~10	340	Schulz，Hanemann
		10	210	Saulnier
	100		240	Gualandi，Paganelli

续表二

组成相	荷重/g	压痕对角线长/μm	HM	测定学者
Al$_6$Mn	10	5～10 10	540 368～380 390	Schulz，Hanemann Korol，Kov，Kadaner Saulnier
Al$_4$Mn		10 5～10	560 732	Saulnier Schulz，Hanemann
Al$_3$Ni	10	10 5～10	610 523～551 770	Saulnier Korol，Kov，Kadaner Schulz，Hanemann
AlSb Al$_4$Sr Al$_3$V Al$_3$Zr		5～10 10 5～10 10	1480 160 395 560	Schulz，Hanemann Saulnier Schulz，Hanemann Saulnier
硅（Si-初生）	10	10 10	1450 715～960 950～1050	Schulz，Hanemann Somner，Von Zoepffle Onitsch
Ⅲ、铜合金 黄铜中 α 相 黄铜中 α 相 黄铜中 β 相 黄铜中 β 相 黄铜中 α 相	 50 50 50 50 	 35.4 25.5 26.4 22.0 	 75.0 143.0 135.0 191.0 97.1～121.0	 机械抛光后 机械抛光后
Cu$_{31}$Sn$_2$（δ 相） Cu$_2$Sn（ε 相） Cu$_6$Sn$_5$（η 相） 青铜中 ω 相			325.2～537.7 560.4 342.8～369.2 13.9～12.1	
Ⅳ．其他合金 CuAl Cu$_2$O Cu$_2$Sb Cu$_3$Sn Cu$_8$Sn$_5$ FeAl FeAl$_2$ Fe$_2$Al$_6$ Pb$_3$Ca PbTe SbSn	 50 13.8 13.8 13.8 	 10 10 10 10 10 10 10	 580 240～260 278 460 411 750 1290 1150 93 46 107	 Mott Onitsch Rapp，Hanemann Rapp，Hanemann Rapp，Hanemann Gebhardt，Obrowski Gebhardt，Obrowski Gebhardt，Obrowski Rapp，Hanemann Rapp，Hanemann Rapp，Hanemann

附表 C-3 硬质合金及其他化合物的显微硬度值

组成相	化学式	荷重 /g	压痕长 /μm	HM	测定学者
I.碳化物					
碳化硼	BC			3700	Krushchov, Berkovich
		50		2400	Krushchov, Berkovich
碳化铬	Cr_3C_2	25		1060	Bergsman
				1000～1400	Unckel
		50		1300	Meincke
铬-钨-碳化物				1500～2400	Unckel
碳化铬		50		2913	Unckel
铁-钼-碳化物		25		1812	Leckie - Ewing
铁-钒-碳化物		25		1495	Leckie - Ewing
碳化钼	Mo_2C			2000	Buckle
	Mo_3C	50		1500	Meincke
钼-钨-碳化物		100		2060～2133	Kocal, Ski, Kanvao
碳化钼	MoC	50		2400	Meincke
碳化硅	SiC	25		1800	Bergsman
				2150～2250	Mckenna
				3000	Smith
				3500	Kieffer, Schwarzkopf
碳化钽	TaC	50		1800	Kieffer, Schwarzkopf
铁-钨-碳化物		100		1836～1846	Kocal, Ski, Kanvao
碳化钛	TiC	100		2850～3090	Kocal, Ski, Kanvao
		50		3200	Kieffer, Schwarzkopf
				2600	Smith
钛-钨-碳化物				2145	Smith
				2600	Mckenna
碳化钨	WC	25		1800	Bergsman
				1430	Smith
				1950	Mckenna
		28		1860	Bergsman
		25		2470	Leckie - Ewing
		100		1585～1730	Koval, Ski, Kanvao
				1300～1700	Unckel
		50		2400	Meincke

组成相	化学式	荷重 /g	压痕长 /μm	HM	测定学者
碳化钨	WC_2	50		3000	Meincke
				3200～3400	Krushchov，Berkovich
钨-锆-碳化物		100		2700～2733	Koval，Ski and Kanvao
碳化钒	VC	50		2800	Kieffer，Schwarzkopf
		100		2084～2510	Koval，Ski，Kanvao
		25		2700～2990	Leckie‑Ewing
碳化锆	ZrC	100		2836～3480	Koval，Ski，Kanvao
		50		2600	Kieffer，Schwarzkopf
Ⅱ. 硼化物					
硼化铬	CrB_2	50		1800	Kieffer，Schwarzkopf
硼化钼	MoB_2	50		1380	Kieffer，Schwarzkopf
	Mo_2B	100		1660	Kieffer，Schwarzkopf
	MoB	100		1570	Kieffer，Schwarzkopf
硼化铌	TiB_2	50		3400	Kieffer，Schwarzkopf
硼化锆	ZrB_2	50		2200	Kieffer，Schwarzkopf
Ⅲ. 硅化物					
硅化铬	$CrSi_2$	100		1150	Kieffer，Schwarzkopf
硅化钼	$MoSi_2$		10	1410	Fitzer
		100		1290	Kieffer，Schwarzkopf
	$MoSi_{0.65}$	100		1170	Kieffer，Schwarzkopf
	MoSi	100		1310	Kieffer，Schwarzkopf
			10	890	Fitzer
		100		1310	Meincke
硅化镍	$NiSi_2$	100		1050	Kieffer，Schwarzkopf
硅化钽	$TaSi_2$	100		1560	Kieffer，Schwarzkopf
硅化钛	Ti_5Si_3	100		986	Kieffer，Schwarzkopf
硅化钨	WSi_2	100		1090	Kieffer，Schwarzkopf
			10	1632	Fityer
	$WSi_{0.7}$	100		770	Kieffer，Schwarzkopf

附录 D 各种硬度压痕尺寸和硬度的换算表

附表 D - 1 布氏硬度压痕直径和硬度的换算表

压痕直径 d_{10}，$2d_5$ 或 $4d_{2.5}$/mm	在负荷 P(kg) 下的布氏硬度数			压痕直径 d_{10}，$2d_5$ 或 $4d_{2.5}$/mm	在负荷 P(kg) 下的布氏硬度数		
	$30D^2$	$10D^2$	$2.5D^2$		$30D^2$	$10D^2$	$2.5D^2$
2.89	448			3.21	360	120	30.1
2.90	444			3.22	359	120	29.9
2.91	441			3.23	356	119	29.7
2.92	438			3.24	354	118	29.5
2.93	435			3.25	352	117	39.3
2.94	432			3.26	350	117	29.2
2.95	429			3.27	347	116	29.0
2.96	426			3.28	345	115	28.8
2.97	423			3.29	343	114	28.6
2.98	420		35.0	3.30	341	114	28.4
2.99	417		34.8	3.31	339	113	28.2
3.00	415		34.6	3.32	337	112	28.1
3.01	412		34.3	3.33	335	112	27.9
3.02	409		34.1	3.34	333	111	27.7
3.03	406		33.9	3.35	331	110	27.6
3.04	404		33.7	3.36	329	110	27.4
3.05	401		33.4	3.37	326	109	27.2
3.06	398		33.2	3.38	325	108	27.1
3.07	395		33.0	3.39	323	108	26.9
3.08	393		32.7	3.40	321	107	26.7
3.09	390	130	32.5	3.41	319	106	26.6
3.10	388	129	32.3	3.42	317	106	26.4
3.11	385	128	32.1	3.43	315	105	26.2
3.12	383	128	31.9	3.44	313	104	26.1
3.13	380	127	31.7	3.45	311	104	25.9
3.14	378	126	31.5	3.46	309	103	25.8
3.15	375	125	31.3	3.47	307	102	25.6
3.16	373	124	31.1	3.48	306	102	25.5
3.17	370	123	30.9	3.49	304	101	25.3
3.18	368	123	30.7	3.50	302	101	25.2
3.19	366	122	30.5	3.51	300	100	25.0
3.20	363	121	30.3	3.52	298	99.5	24.9

压痕直径 d_{10}，$2d_5$ 或 $4d_{2.5}$/mm	在负荷 P(kg) 下的布氏硬度数			压痕直径 d_{10}，$2d_5$ 或 $4d_{2.5}$/mm	在负荷 P(kg) 下的布氏硬度数		
	$30D^2$	$10D^2$	$2.5D^2$		$30D^2$	$10D^2$	$2.5D^2$
3.53	297	98.9	24.7	3.91	240	80.0	20.0
3.54	295	98.3	24.6	3.92	239	79.6	19.9
3.55	293	97.7	24.5	3.93	237	79.1	19.8
3.56	292	97.2	24.3	3.94	236	78.7	19.7
3.57	290	96.6	24.2	3.95	235	78.3	19.6
3.58	288	96.1	24.0	3.96	234	77.9	19.5
3.59	286	95.5	23.9	3.97	232	77.5	19.4
3.60	285	95.0	23.7	3.98	231	77.1	19.3
3.61	283	94.4	23.6	3.99	230	76.7	19.2
3.62	282	93.9	23.5	4.00	229	76.3	19.1
3.63	280	93.3	23.3	4.01	228	75.9	19.0
3.64	278	92.8	23.2	4.02	226	75.5	18.9
3.65	277	92.3	23.1	4.03	225	75.1	18.8
3.66	275	91.8	22.9	4.04	224	74.7	18.7
3.67	274	91.2	22.8	4.05	223	74.3	18.6
3.68	272	90.7	22.7	4.06	222	73.9	18.5
3.69	271	90.2	22.6	4.07	221	73.5	18.4
3.70	269	89.7	22.4	4.08	219	73.2	18.3
3.71	268	89.2	22.3	4.09	218	72.8	18.2
3.72	266	88.7	22.2	4.10	217	72.4	18.1
3.73	265	88.2	22.1	4.11	216	72.0	18.0
3.74	263	87.7	21.9	4.12	215	71.7	17.9
3.75	262	87.2	21.8	4.13	214	71.3	17.8
3.76	260	86.8	21.7	4.14	213	71.0	17.7
3.77	259	86.3	21.6	4.15	212	70.6	17.6
3.78	257	85.8	21.5	4.16	211	70.2	17.6
3.79	256	85.3	21.3	4.17	210	69.9	17.5
3.80	255	84.9	21.2	4.18	209	69.5	17.4
3.81	253	84.4	21.1	4.19	208	69.2	17.3
3.82	252	84.0	21.0	4.20	207	68.8	17.2
3.83	250	83.5	20.9	4.21	205	68.5	17.1
3.84	249	83.0	20.8	4.22	204	68.2	17.0
3.85	248	82.6	20.7	4.23	203	67.8	17.0
3.86	246	82.1	20.5	4.24	202	67.5	16.9
3.87	245	81.7	20.4	4.25	201	67.1	16.8
3.88	244	81.3	20.3	4.26	200	66.8	16.7
3.89	242	80.8	20.2	4.27	199	66.5	16.6
3.90	241	80.4	20.1	4.28	198	66.2	16.5

压痕直径 d_{10}，$2d_5$ 或 $4d_{2.5}$/mm	在负荷 P(kg) 下的布氏硬度数			压痕直径 d_{10}，$2d_5$ 或 $4d_{2.5}$/mm	在负荷 P(kg) 下的布氏硬度数		
	$30D^2$	$10D^2$	$2.5D^2$		$30D^2$	$10D^2$	$2.5D^2$
4.29	198	65.8	16.5	4.66	166	55.3	13.8
4.30	197	65.5	16.4	4.67	165	55.0	13.7
4.31	196	65.2	16.3	4.68	164	54.8	13.6
4.32	195	64.9	16.2	4.69	164	54.5	13.6
4.33	194	64.6	16.1	4.70	163	54.3	13.5
4.34	193	64.2	16.1	4.71	162	54.0	13.4
4.35	192	63.9	16.0	4.72	161	53.8	13.4
4.36	191	63.6	15.9	4.73	161	53.5	13.3
4.37	190	63.3	15.8	4.74	160	53.3	13.3
4.38	189	63.0	15.8	4.75	159	53.0	13.2
4.39	188	62.7	15.7	4.76	158	52.8	13.1
4.40	187	62.4	15.6	4.77	158	52.6	13.1
4.41	186	62.1	15.5	4.78	157	52.3	13.0
4.42	185	61.8	15.5	4.79	156	52.1	13.0
4.43	185	61.5	15.4	4.80	156	51.9	12.9
4.44	184	61.2	15.3	4.81	155	51.7	12.9
4.45	183	60.9	15.2	4.82	154	51.4	12.9
4.46	182	60.6	15.2	4.83	154	51.2	12.8
4.47	181	60.4	15.1	4.84	153	51.0	12.8
4.48	180	60.1	15.0	4.85	152	50.7	12.7
4.49	179	59.8	15.0	4.86	152	50.5	12.6
4.50	179	59.5	14.9	4.87	151	50.3	12.6
4.51	178	59.2	14.8	4.88	150	50.1	12.5
4.52	177	59.0	14.7	4.89	150	49.8	12.5
4.53	176	58.7	14.7	4.90	149	49.6	12.4
4.54	175	58.4	14.6	4.91	148	49.4	12.4
4.55	174	58.1	14.5	4.92	148	49.2	12.3
4.56	174	57.9	14.5	4.93	147	49.0	12.3
4.57	173	57.6	14.4	4.94	146	48.8	12.2
4.58	172	57.3	14.3	4.95	146	48.6	12.2
4.59	171	57.1	14.3	4.96	145	48.4	12.1
4.60	170	56.8	14.2	4.97	144	48.1	12.0
4.61	170	56.5	14.1	4.98	144	47.9	12.0
4.62	169	56.3	14.1	4.99	143	47.7	11.9
4.63	168	56.0	14.0	5.00	143	47.5	11.9
4.64	167	55.8	13.9	5.01	142	47.3	11.8
4.65	167	55.5	13.8	5.02	141	47.1	11.7

压痕直径 d_{10}，$2d_5$ 或 $4d_{2.5}$/mm	在负荷 P(kg) 下的布氏硬度数			压痕直径 d_{10}，$2d_5$ 或 $4d_{2.5}$/mm	在负荷 P(kg) 下的布氏硬度数		
	$30D^2$	$10D^2$	$2.5D^2$		$30D^2$	$10D^2$	$2.5D^2$
5.03	141	46.9	11.7	5.38	122	40.5	10.1
5.04	140	46.7	11.7	5.39	121	40.4	10.1
5.05	140	46.5	11.6	5.40	121	40.2	10.1
5.06	139	46.3	11.6	5.41	120	40.0	10.0
5.07	138	46.1	11.5	5.42	120	39.9	9.97
5.08	138	45.9	11.5	5.43	119	39.7	9.94
5.09	137	45.7	11.4	5.44	119	39.6	9.90
5.10	137	45.5	11.4	5.45	118	39.4	9.86
5.11	136	45.3	11.3	5.46	118	39.2	9.82
5.12	135	45.1	11.3	5.47	117	39.1	9.78
5.13	135	45.0	11.3	5.48	117	38.9	9.73
5.14	134	44.8	11.2	5.49	116	38.8	9.70
5.15	134	44.6	11.2	5.50	116	38.6	9.66
5.16	133	44.4	11.1	5.51	115	38.5	9.62
5.17	133	44.2	11.1	5.52	115	38.3	9.58
5.18	132	44.0	11.0	5.53	114	38.2	9.54
5.19	132	43.8	11.0	5.54	114	38.0	9.50
5.20	131	43.7	10.9	5.55	114	37.9	9.46
5.21	130	43.5	10.9	5.56	113	37.7	9.43
5.22	130	43.3	10.8	5.57	113	37.6	9.38
5.23	129	43.1	10.8	5.58	112	37.4	9.35
5.24	129	42.9	10.7	5.59	112	37.3	9.31
5.25	128	42.8	10.7	5.60	111	37.1	9.27
5.26	128	42.6	10.6	5.61	111	37.0	9.24
5.27	127	42.4	10.6	5.62	110	36.8	9.20
5.28	127	42.2	10.6	5.63	110	36.7	9.17
5.29	126	42.1	10.5	5.64	110	36.5	9.14
5.30	126	41.9	10.5	5.65	109	36.4	9.10
5.31	125	41.7	10.4	5.66	109	36.3	9.07
5.32	125	41.5	10.4	5.67	108	36.1	9.03
5.33	124	41.4	10.3	5.68	108	36.0	9.00
5.34	124	41.2	10.3	5.69	107	35.8	8.93
5.35	123	41.0	10.3	5.70	107	35.7	8.93
5.36	123	40.9	10.2	5.71	107	35.6	8.90
5.37	122	40.7	10.2	5.72	106	35.4	8.86

注：（1）表中压痕直径为用 10 mm 钢球进行试验所得的数值，如用 5 mm 钢球试验时，所得压痕直径应增加 2 倍，而用 2.5 mm 钢球时则增加 4 倍。例如，用 5 mm 钢球在 750 kg 负荷作用下所得压痕直径为 1.65 mm，则在查表时应用 3.30 mm（2×1.65＝3.30），其相当硬度值为 341。

（2）到目前为止，尚无将布氏硬度值换算成其他硬度值或抗拉强度的精确方法，因此一般应避免这种换算。但在特殊情况下，如通过比较试验而获得可靠换算基础时则例外。

附表 D-2　压痕对角线与维氏硬度换算表

压痕对角线/mm	维氏硬度			压痕对角线/mm	在负荷 P/(kg) 下维氏硬度数		
	HV_{30}	HV_{10}	HV_5		HV_{30}	HV_{10}	HV_5
0.100			927	0.300	618	206	103
0.105			841	0.305	598	199	99.7
0.110			766	0.310	579	193	96.5
0.115			701	0.315	561	187	93.4
0.120		1288	644	0.320	543	181	90.6
0.125		1189	593	0.325	527	176	87.8
0.130		1097	549	0.330	511	170	85.2
0.135		1030	509	0.335	496	165	82.6
0.140		946	473	0.340	481	160	80.2
0.145		882	441	0.345	467	156	77.9
0.150		824	412	0.350	454	151	75.7
0.155		772	386	0.355	441	147	73.6
0.160		724	362	0.360	429	143	71.6
0.165		681	341	0.365	418	139	69.6
0.170		642	321	0.370	406	136	67.7
0.175		606	303	0.375	396	132	66.0
0.180		572	286	0.380	385	128	64.2
0.185		542	271	0.385	375	125	62.6
0.190		514	257	0.390	366	122	61.0
0.195		488	244	0.395	357	119	59.4
0.200		464	232	0.400	348	116	58.0
0.205		442	221	0.405	339	113	56.5
0.210		421	210	0.410	331	110	55.2
0.215		401	201	0.415	323	108	53.9
0.220	1149	383	192	0.420	315	105	52.6
0.225	1113	366	183	0.425	308	103	51.3
0.230	1051	351	175	0.430	301	100	50.2
0.235	1007	336	168	0.435	294	98.0	49.9
0.240	966	322	161	0.440	287	95.8	47.9
0.245	927	309	155	0.445	281	93.6	46.8
0.250	890	297	148	0.450	275	91.6	45.8
0.255	856	285	143	0.455	269	89.6	44.8
0.260	823	274	137	0.460	263	87.6	43.8
0.265	792	264	132	0.465	257	85.8	42.9
0.270	763	254	127	0.470	252	84.0	42.0
0.275	736	245	123	0.475	247	82.2	41.1
0.280	710	236	118	0.480	242	80.5	40.2
0.285	685	228	114	0.485	237	78.8	39.4
0.290	661	221	110	0.490	232	77.2	38.6
0.295	639	213	107	0.495	227	75.7	37.8

续表

压痕对角线 /mm	维氏硬度			压痕对角线 /mm	在负荷 P/(kg) 下维氏硬度数		
	HV_{30}	HV_{10}	HV_5		HV_{30}	HV_{10}	HV_5
0.500	223	74.2	37.1	0.850	77.0		
0.510	214	71.3	35.6	0.860	75.2		
0.520	206	68.6	34.3	0.870	73.5		
0.530	198	66.0	33.0	0.880	71.8		
0.540	191	63.6	31.8	0.890	70.2		
0.550	184	61.3	30.7	0.900	68.7	25.7	
0.560	177	59.1	29.6	0.910	67.2	25.1	
0.570	171	57.1	28.5	0.920	65.7	24.5	
0.580	165	55.1	27.6	0.930	64.3	24.0	
0.590	160	53.3	26.6	0.940	63.0	23.4	12.8
0.600	155	51.5	25.8	0.950	61.6	22.9	12.5
0.610	150	49.8	24.9	0.960	60.4	22.4	12.3
0.620	145	48.2	24.1	0.970	59.1	21.9	12.0
0.630	140	46.7	23.4	0.980	57.9	21.4	11.7
0.640	136	45.3	22.6	0.990	56.8	21.0	11.5
0.650	132	43.9	22.0	1.00	55.6	20.5	11.2
0.660	128	42.6	21.3	10.5	50.5	20.1	11.0
0.670	124	41.3	20.7	1.10	46.0	19.7	10.7
0.680	120	40.1	20.1	1.15	42.1	19.3	10.5
0.690	117	39.0	19.5	1.20	38.6	18.9	10.3
0.700	114	37.8	18.9	1.25	35.6	18.5	10.1
0.710	110	36.8	18.4	1.30	32.9	16.8	9.9
0.720	107	35.8	17.9	1.35	30.5	15.3	9.7
0.730	104	34.8	17.4	1.40	28.4	14.0	9.5
0.740	102	33.9	16.9	1.45	26.5	12.9	9.3
0.750	98.9	33.0	16.5	1.50	24.7	11.9	8.4
0.760	96.3	32.1	16.1	1.55	23.2	11.0	
0.770	93.8	31.3	15.6	1.60	21.7	10.2	
0.780	91.4	30.5	15.2	1.65	20.4	9.5	
0.790	89.1	29.7	14.9	1.70	19.3	8.8	
0.800	86.9	29.0	14.5	1.75	18.2	8.2	
0.810	84.8	28.3	14.1	1.80	17.2		
0.820	82.7	27.6	13.8	1.85	16.3		
0.830	80.8	26.9	13.5	1.90	15.4		
0.840	78.8	26.3	13.1	1.95	14.6		

注：该表摘自《合金钢手册：上册（第三分册）》，该书由孙珍宝主编，北京冶金工业出版社于 1972 年出版。

附表 D‑3 压痕对角线与显微硬度(HV0.020)换算表(荷重＝20g)

压痕对角线长度/μm	0	1	2	3	4	5	6	7	8	9
0	—	—	—	—	1484	1030	756	580	458	
10	370	306	258	220	189.2	164.8	144.8	128.4	114.4	102.8
20	92.8	84.1	76.6	70.1	64.4	59.4	54.8	50.8	47.3	44.2
30	41.2	38.6	36.2	34.0	32.0	30.2	28.6	27.0	25.6	24.4
40	23.2	22.0	21.0	20.0	19.16	18.32	17.52	16.80	16.10	15.44
50	14.84	14.26	13.72	13.20	12.72	12.26	11.82	11.42	11.02	10.66
60	10.30	9.96	9.56	9.34	9.06	8.78	8.52	8.26	8.02	7.80
70	7.56	7.36	7.16	6.96	6.78	6.60	6.42	6.26	6.10	5.94
80	5.80	5.66	5.52	5.38	5.26	5.14	5.02	4.90	4.80	4.68
90	4.58	4.48	4.38	4.28	4.20	4.10	4.02	3.94	3.86	3.78
100	3.70	3.64	3.56	3.50	3.42	3.36	3.30	3.24	3.18	3.12
110	3.06	3.02	2.96	2.90	2.86	2.80	2.76	2.70	2.66	2.62
120	2.58	2.54	2.50	2.46	2.42	2.38	2.34	2.30	2.26	2.22
130	2.20	2.16	2.12	2.10	2.06	2.04	2.00	1.976	1.948	1.920
140	1.892	1.866	1.840	1.814	1.788	1.764	1.740	1.716	1.694	1.670
150	1.648	1.626	1.606	1.584	1.564	1.544	1.524	1.504	1.486	1.468
160	1.448	1.430	1.414	1.396	1.380	1.362	1.346	1.330	1.314	1.298
170	1.284	1.268	1.254	1.240	1.226	1.212	1.198	1.184	1.170	1.158
180	1.144	1.132	1.120	1.108	1.096	1.084	1.072	1.060	1.050	1.038
190	1.028	1.016	1.006	0.996	0.986	0.976	0.966	0.956	0.946	0.936
200	0.928	0.916	0.908	0.900	0.892	0.884	0.876	0.864	0.856	0.848
210	0.841	0.832	0.824	0.816	0.812	0.804	0.796	0.788	0.780	0.772
220	0.766	0.760	0.752	0.748	0.740	0.732	0.728	0.720	0.712	0.708
230	0.701	0.696	0.688	0.684	0.676	0.672	0.668	0.660	0.656	0.648
240	0.644	0.638	0.634	0.628	0.622	0.618	0.612	0.608	0.604	0.598
250	0.594	0.588	0.584	0.580	0.574	0.570	0.566	0.562	0.558	0.552
260	0.548	0.544	0.540	0.536	0.532	0.528	0.524	0.520	0.516	0.512
270	0.508	0.506	0.502	0.498	0.494	0.490	0.486	0.484	0.480	0.476
280	0.473	0.470	0.466	0.464	0.460	0.456	0.454	0.450	0.448	0.444
290	0.442	0.438	0.436	0.432	0.430	0.426	0.424	0.420	0.418	0.414
300	0.412	—	—	—	—	—	—	—	—	—

续表一

压痕对角线长度/μm	0	1	2	3	4	5	6	7	8	9
0	—	—	—	—	—	3710	2575	1890	1450	1145
10	925	765	645	550	473	412	362	321	286	257
20	232	210	192	175	161	148	137	127	118	110.5
30	103	96.5	90.5	85.0	80.0	75.5	71.5	67.5	64.0	61.0
40	58.0	55.0	52.5	50.0	47.9	45.8	43.8	42.0	40.25	38.6
50	37.1	35.65	34.3	33.0	31.8	30.65	29.55	28.55	527.55	26.65
60	25.75	24.90	23.9	23.35	22.65	21.95	21.3	20.65	520.05	19.5
70	18.90	18.40	17.90	17.40	16.95	16.50	16.05	15.65	515.25	14.85
80	14.50	14.15	13.80	13.45	13.15	12.85	12.55	12.25	512.00	11.7
90	11.45	11.20	10.95	10.70	10.50	10.25	10.05	9.85	9.65	9.45
100	9.25	9.10	8.90	8.75	8.55	8.4	8.25	8.10	7.95	7.8
110	7.65	7.55	7.40	7.25	7.15	7.00	6.90	6.75	6.65	6.55
120	6.45	6.35	6.25	6.15	6.05	5.95	5.85	5.75	5.65	5.55
130	5.50	5.40	5.30	5.25	5.15	5.10	5.00	4.94	4.87	4.80
140	4.73	4.66	4.60	4.53	4.47	4.41	4.35	4.29	4.24	4.18
150	4.12	4.07	4.02	3.95	3.91	3.86	3.81	3.76	3.72	3.67
160	3.62	3.58	3.54	3.49	3.45	3.41	3.37	3.32	3.28	3.25
170	3.21	3.17	3.14	3.10	3.07	3.03	3.00	2.96	2.93	2.90
180	2.86	2.83	2.80	2.77	2.74	2.71	2.68	2.65	2.63	2.60
190	2.57	2.54	2.52	2.49	2.47	2.44	2.41	2.39	2.36	2.34
200	2.32	2.29	2.27	2.25	2.23	2.21	2.19	2.16	2.14	2.12
210	2.10	2.08	2.06	2.04	2.03	2.01	1.99	1.97	1.95	1.93
220	1.92	1.90	1.88	1.87	1.85	1.83	1.82	1.80	1.78	1.77
230	1.75	1.74	1.72	1.71	1.69	1.68	1.67	1.65	1.64	1.62
240	1.61	1.60	1.59	1.57	1.55	1.54	1.53	1.52	1.51	1.50
250	1.48	1.47	1.46	1.45	1.44	1.43	1.42	1.41	1.40	1.38
260	1.37	1.36	1.35	1.34	1.33	1.32	1.31	1.30	1.29	1.28
270	1.27	1.26	1.25	1.24	1.23	1.22	1.215	1.21	1.20	1.9
280	1.180	1.174	1.166	1.16	1.15	1.140	1.13	1.125	1.120	1.11
290	1.105	1.10	1.090	1.08	1.07	1.065	1.06	1.050	1.04	1.035
300	1.030	—	—	—	—	—	—	—	—	—

压痕对角线长度/μm	0	1	2	3	4	5	6	7	8	9
0	—	—	—	—	—	7420	5150	3780	2900	2290
10	1850	1530	1290	1100	946	824	724	642	572	514
20	464	420	383	350	322	297	274	254	236	221
30	206	193	181	170	160	151	143	135	128	122
40	116	110	105	100	95.8	91.6	87.6	84.0	80.5	77.4
50	74.2	71.3	68.6	66.6	63.6	61.3	59.1	57.1	55.1	53.3
60	51.5	49.8	47.8	46.7	45.3	43.9	42.6	41.3	40.1	39.0
70	37.8	36.8	35.8	34.8	33.9	33.0	32.1	31.3	30.5	29.7
80	29.0	28.3	27.6	26.9	26.3	25.7	25.1	24.5	24.0	23.4
90	22.9	22.4	21.9	21.4	21.0	20.5	20.1	19.7	19.3	18.9
100	18.5	18.2	17.8	17.5	17.1	16.8	16.5	16.2	15.9	15.6
110	15.3	15.1	14.8	14.5	14.3	14.0	13.8	13.5	13.3	13.1
120	12.9	12.7	12.5	12.3	12.1	11.9	11.7	11.5	11.3	11.1
130	11.0	10.8	10.6	10.5	10.3	10.2	10.0	9.88	9.74	9.60
140	9.46	9.33	9.20	9.07	8.94	8.82	8.70	8.58	8.47	8.35
150	8.24	8.13	8.03	7.92	7.82	7.72	7.62	7.52	7.43	7.34
160	7.24	7.15	7.07	6.98	6.90	6.81	6.73	6.65	6.57	6.49
170	6.42	6.34	6.27	6.20	6.13	6.06	5.99	5.92	5.85	5.79
180	5.72	5.66	5.60	5.54	5.48	5.42	5.36	5.30	5.25	5.19
190	5.14	5.08	5.03	4.98	4.93	4.88	4.83	4.78	4.73	4.68
200	4.64	4.58	4.54	4.50	4.46	4.42	4.38	4.32	4.28	4.24
210	4.20	4.16	4.12	4.08	4.06	4.02	3.98	3.94	3.90	3.86
220	3.83	3.80	3.76	3.74	3.70	3.66	3.64	3.60	3.56	3.54
230	3.50	3.48	3.44	3.42	3.38	3.36	3.34	3.30	3.28	3.24
240	3.22	3.19	3.17	3.14	3.11	3.09	3.06	3.04	3.02	2.99
250	2.97	2.94	2.92	2.90	2.87	2.85	2.83	2.81	2.79	2.76
260	2.74	2.72	2.70	2.68	2.66	2.64	2.62	2.60	2.58	2.56
270	2.54	2.53	2.51	2.49	2.47	2.45	2.43	2.42	2.40	2.38
280	2.36	2.35	2.33	2.32	2.30	2.28	2.27	2.25	2.24	2.22
290	2.21	2.19	2.18	2.16	2.15	2.13	2.12	2.10	2.09	2.07
300	2.06	—	—	—	—	—	—	—	—	—

附录 E　布氏、维氏、洛氏硬度值的换算表

$D=10$ mm, $P=30\,000$ N 时的压痕直径 /mm	硬度					$D=10$ mm, $P=30\,000$ N 时的压痕直径 /mm	硬度				
	HB	HV	HRB	HRC	HRA		HB	HV	HRB	HRC	HRA
2.20	780	1220		72	89	4.05	223		97		
2.25	745	1114		69	87	4.10	217		97		
2.30	712	1021		67	85	4.15	212		96		
2.35	682	940		65	84	4.20	207		95		
2.40	653	867		63	83	4.25	201		94		
2.45	627	803		61	82	4.30	197		93		
2.50	601	746		59	81	4.35	192		92		
2.55	578	694		58	80	4.40	187		91		
2.60	555	649		56	79	4.45	183	221	89		61
2.65	534	606		54	78	4.50	179	217	88		61
2.70	514	587		52	77	4.55	174	213	87		60
2.75	495	551		51	76	4.60	171	209	86		60
2.80	477	534		49	76	4.65	165	201	85		59
2.85	461	502		48	75	4.70	162	197	84		58
2.90	444	474		47	74	4.75	159	190	83		58
2.95	429	460		45	73	4.80	156	186	82		57
3.00	415	435		44	73	4.85	152	183	81	21	56
3.05	401	423		43	72	4.90	149	179	80	20	56
3.10	388	401		41	71	4.95	146	174	78	19	55
3.15	375	390		40	71	5.00	143	171	77	18	55
3.20	363	380		39	70	5.05	140	165	76		54
3.25	352	361		38	69	5.10	137	162	75		53
3.30	341	344		37	69	5.15	134	159	74		53
3.35	331	333		36	68	5.20	131	154	72		52
3.40	321	320		35	68	5.25	128	152	71		52
3.45	311	312		34	67	5.30	126	149	69		51
3.50	302	305		33	67	5.35	123	147	69		50
3.55	293	291		31	66	5.40	121	144	67		50
3.60	285	285		30	66	5.45	118		66		
3.65	277	278		29	65	5.50	116		65		
3.70	269	272		28	65	5.55	114		64		
3.75	262	261		27	64	5.60	111		62		
3.80	255	255		26	64	5.70	107		59		
3.85	248	250		25	63	5.80	103		57		
3.90	241	246	100	24	63	5.90	99		54		
3.95	235	235	99	23	62	6.00	95.5		52		
4.00	225	226	98	22	62						

注：表中压痕直径以布氏硬度试验时测得的压痕直径为准。

参 考 文 献

[1] 萧泽新. 工程光学设计. 3 版. 北京：电子工业出版社，2014.

[2] 陈宗简. 金相显微镜. 北京：机械工业出版社，1982.

[3] 孙业英. 光学显微分析. 2 版. 北京：清华大学出版社，2003.

[4] JB/T10077－1999 金相显微镜.

[5] 广西梧州市澳特光电仪器有限公司. JX－4 型自动正置金相显微镜使用手册，2010.

[6] 桂林电子科技大学. 广西梧州市澳特光电仪器有限公司. "自动显微系统多媒体互动实验教学平台"
     鉴定资料汇编，2010.

[7] 燕样样. 大型金相显微镜的数字化改造，金属热处理. 2005(12).

[8] 虞启琏，等. 医用光学仪器. 天津：天津科学技术出版社，1988.

[9] 王之江，顾培森. 实用光学技术手册. 北京：机械工业出版社，2007.

[10] 郁道银，谈恒英. 工程光学基础教程. 北京：机械工业出版社，2010.

[11] 李士贤，李林. 光学设计手册. 修订版. 北京：北京理工大学出版社，1996.

[12] 方仲彦，李岩. 质量工程与计量技术基础. 北京：清华大学出版社，2002.

[13] 萧泽新. 现代光电仪器共性技术与系统集成. 北京：电子工业出版社，2008.

[14] 萧泽新. 显微图像光电检测技术及应用. 桂林：桂林电子科技大学机电综合工程训练中心，2010.

[15] 萧泽新. 光机电一体化系统及应用. 广州：华南理工大学出版社，2011.

[16] 广州粤显光学仪器有限公司. L3230DIC 微分干涉相衬金相显微镜使用手册，2010.

[17] 广州粤显光学仪器有限公司. XPL3230 偏光显微镜使用手册，2010.

[18] 上海金相机械设备有限公司. QG－1 型金相试样切割机使用说明书.

[19] 上海金相机械设备有限公司. XQ－1 型金相岩相试样镶嵌机使用说明书.

[20] 上海金相机械设备有限公司. MP－Ⅰ型双速磨抛机使用说明书.

[21] 上海市机械制造工艺研究所. 金相分析技术. 上海：上海科学技术文献出版社，1987.

[22] 屠世润，高越. 金相原理与实践. 北京：机械工业出版社，1990.

[23] 李炯辉，等. 金属材料金相图谱. 北京：机械工业出版社，2006.

[24] 任颂赞，张静江，陈质如，等. 钢铁金相图谱. 上海：上海科学技术出版社，2003.

[25] 韩德伟，张建新. 金相试样制备与显示技术. 长沙：中南大学出版社，2005.

[26] 安运铮. 热处理工艺学. 北京：机械工业出版社，1982.

[27] 刘云旭. 金属热处理原理. 北京：机械工业出版社，1981.

[28] 北京普瑞赛司仪器有限公司. MIAPS 软件说明书：金属材料版.

[29] 大连工学院《金属学及热处理》编写小组. 金属学及热处理. 北京：科学出版社，1975.

[30] 电机工程手册编辑委员会. 机械工程手册：第 11 篇材料学基础. 北京：机械工业出版社，1978.

[31] 电机工程手册编辑委员会. 机械工程手册：第 44 篇热处理. 北京：机械工业出版社，1979.

[32] 戴枝荣. 工程材料及机械制造基础（Ⅰ）：工程材料. 北京：高等教育出版社，1992.

[33] 张万昌. 工程材料及机械制造基础（Ⅱ）：热加工工艺基础. 北京：高等教育出版社，1991.

[34] 邓文英，郭晓鹏. 金属工艺学. 4 版. 北京：高等教育出版社，2000.

[35] 丁松聚. 冷冲模设计. 北京：机械工业出版社，1999.

[36] 张木青，于兆勤，等. 机械制造工程训练. 2 版. 广州：华南理工大学出版社，2007.

[37] 萧泽新，陈宁，欧笛声. 金工实习教材. 2 版. 广州：华南理工大学出版社，2009.

［38］ 徐善国，于永泗. 机械工程材料辅导·习题·实验. 2 版. 大连：大连理工大学出版社，2003.

［39］ 广州粤显光学仪器有限公司. XTL－201 连续变倍体视显微镜使用手册. 2010.

［40］ GB/T 19864.1－2005 体视显微镜 第 1 部分：普及型体视显微镜.

［41］ GB/T 19864.2－2005 体视显微镜 第 2 部分：高性能体视显微镜.

［42］ 洪善贤. 连续变倍显微物镜的光学系统. 云光技术，1992(6)：4-15.

［43］ GB/T6394－2002 金相平均晶粒度测量方法.

［44］ GB/T9441－1988 球墨铸铁金相检验.

［45］ GB/T231.1－2002 金属布氏硬度试验第 1 部分：试验方法.

［46］ GB/T231.2－2002 金属布氏硬度试验第 2 部分：硬度计的检验与校准.

［47］ GB/T231.3－2002 金属布氏硬度试验第 3 部分：标准硬度块的标定.

［48］ GB/T4340.1－1999 金属维氏硬度试验第 1 部分：试验方法.

［49］ GB/T4340.2－1999 金属维氏硬度试验第 2 部分：硬度计的检验与校准.

［50］ GB/T4340.3－1999 金属维氏硬度试验第 3 部分：标准硬度块的标定.

［51］ GB/T224－2008 钢的脱碳层深度测定法.

［52］ GB/T7216－2009 灰铸铁金相检验.

［53］ GB/T9450－2005 钢铁渗碳淬火硬化层深度的测定和校核.

［54］ GB/T10561－2005 钢中非技术夹杂物含量测定标准评级图检验方法.

［55］ GB/T13298－1991 金属显微组织检验方法.

［56］ GB/T5617－2005 钢的感应淬火或火焰淬火后有效硬化层深度的测定.

［57］ EDS－T－7127 熔接切片检查方法.

［58］ 郭桂容. 锚夹片专用维氏硬度光电检测仪的设计与实现. 桂林电子科技大学，2010.